✔️ 일러두기

❶ 이 책에서 소개하는 모든 레시피는 **250㎖ 머그컵 기준**이다.

❷ 이 책의 머그컵 케이크는 **전자레인지**만 있으면 간단한 재료로 손쉽게 만들 수 있다.

❸ 이 책에서 사용한 작은 달걀은 **시중에서 판매하는 가장 작은 달걀**로 30g 정도이다.
일반 달걀을 사용할 경우 1/2만 한다.

❹ 전자레인지에서 갓 꺼낸 머그컵은 **뜨거우므로 주의해서 다룬다.**

❺ 머그컵 케이크 재료 중 국내에서 구할 수 없는 재료는 **대형 마트**나 **인터넷 쇼핑몰**에
서 구할 수 있는 재료로 바꾸었다.

❻ 이 책에서 사용한 버터는 **가염버터**와 **무염버터**를 구분하였다. 재료 소개에서 '버터'로
표기된 것은 시중에서 판매하는 **일반 버터(무염버터)**를 말한다.

❼ 계량법 기준을 **숟가락(큰술, 작은술)**으로 하여, 그램(g)과 약간의 오차가 있다.

❽ 초콜릿 사용 시 코인 타입이나 블록 타입은 **개당 중량**을 기준으로 계산하여 사용하고
시중에서 구매한 초콜릿은 **전체 중량**에서 **필요한 양만큼** 사용한다.

❾ 초콜릿이 들어간 머그컵 케이크는 수분이 빨리 증발되므로 **너무 식히지 않도록** 한다.

전자레인지 1분!

머그컵
케이크

심플하게 만들고 귀족처럼 즐기는
프랑스식 케이크

머그컵
케이크

엘리즈 델프하 알바흐 지음 | 추은초 옮김 | 이은주 레시피 감수 및 시연

예문사

일상의 소소한 행복,
머그컵 케이크

머그컵 케이크의 기원은 확실치 않지만, 미국에서 시작되었다고 알려졌습니다. 불어로
는 '타스 가토(tasse gâteau)'라고 합니다.

머그컵 케이크는 머그컵과 숟가락, 전자레인지만 있으면 누구나 쉽게 만들 수 있습니다.
준비 과정이 단순하고 신속하게 요리할 수 있다는 장점 때문에 프랑스 사람들에게 인기
가 높습니다.

　머그컵 케이크는 혼자서 즐길 수 있는 디저트로, 바쁜 부모들이 아이를 위해 준비하는
간식거리로, 그 활용도가 무궁무진합니다. 실제 틀에서 쉽게 꺼낼 수 있어서 갑자기 방문
한 손님에게 대접하는 디저트로도 손색이 없습니다.

　이는 만드는 게 복잡하고 많은 시간을 요구하는 다른 케이크와 달리, 머그컵 케이크는
냉장고에 있는 재료들로 간단하고 쉽게 만들 수 있기 때문입니다. 더구나 마무리로 약간
의 데커레이션만 더한다면 나만의 멋진 케이크로 완성됩니다.

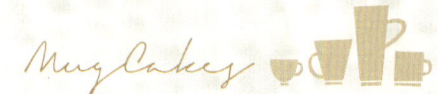

머그컵 케이크는 간편하면서도 경제적인 요리입니다. 제철 음식이나 이국적인 재료들을 활용하여 큰 준비 없이 다양한 맛의 케이크를 만들 수 있습니다. 새콤달콤하게 또는 짭짤하고 고소하게. 무엇보다도 간단하고 신속하게 말입니다.

이 책에서는 전자레인지 5분 만에 뚝딱 만드는 다양한 머그컵 케이크 레시피를 소개하였습니다. 하나하나 만들어보면서 달콤한 초콜릿의 거부할 수 없는 매력에 흠뻑 빠져보거나, 상큼한 디저트 케이크로 생활의 활력을 되찾아 보세요. 바쁠 때는 가벼운 한 끼 식사로 오믈렛 케이크를 추천합니다.

머그컵 케이크를 만들 때 가장 어려운 것은 다 구워진 케이크를 보면서 참는 일입니다. 맛있게 먹으려면 케이크가 식을 때까지 인내심을 갖고 기다려야 하기 때문입니다. 세계적으로 미식가인 프랑스 사람들이 평소 즐겨 먹는 머그컵 케이크! 지금 바로 머그컵 케이크 만들기에 도전해보세요.

Contents

Chapter 1

보 기 만
해 도
행 복 한
시 간

'달콤 두근' 케이크

Chapter 2

무 기 력 이 여
안 녕

'상큼 발랄' 케이크

Chapter3

허 전 한
마 음 을
채 우 는
양 식

'고소 든든' 케이크

냉 장 고   속
재 료 로
간 편 하 게
만 드 는

이은주 셰프의 비밀 레시피

1. 1큰술, 1작은술 용어 정리

큰술

= 1Tsp
= 1테이블스푼
= 15ml
= 1.5cl

작은술

= 1tsp
= 1티스푼
= 5ml
= 0.5cl

계량스푼

1/4tsp   1/2tsp   1tsp   1Tsp

2. 머그컵과 케이크를 잘 분리하는 방법

유산지 사용법(종이포일도 가능)	버터 사용법
❶ 유산지 길이는 머그컵 둘레만큼 자르고, 높이는 머그컵보다 여유 있게 2cm 정도 높게 자른다.	❶ 적당량의 버터를 머그컵에 넣고 전자레인지로 20초 정도 돌려서 녹인다.
❷ 2cm 여유 있는 부분을 1∼2cm 간격으로 가위집을 낸다.	❷ 녹인 버터를 머그컵 안쪽 면에 골고루 바른다.
❸ 가위집을 낸 부분이 머그컵 바닥으로 가도록 해서 안쪽에 두른다.	❸ 버터를 바른 부분에 밀가루를 살짝 덧뿌린다.
❹ 머그컵 안쪽 바닥 크기로 유산지를 잘라서 깐다.	❹ 케이크 반죽을 붓고 전자레인지에 굽는다.
❺ 케이크 반죽을 붓고 전자레인지에 굽는다.	

3. 재료 타입으로 알아보는 계량법

액체 타입 계량법

1스푼
: 스푼 가장자리로 내용물이
찰랑찰랑 넘치지 않을 정도까지 담은 양

분말 타입 계량법

1스푼
: 스푼 가득 분말 재료를 담은 후
표면을 편평하게 깎아내고 남은 양

상태	베이킹 재료	1큰술 (1Tsp)	1작은술 (1tsp)
액체 타입	녹인 버터	13g	4g
	식용유	12g	4g
	물, 우유, 럼주	15g	5g
	생크림	15g	5g
분말 타입	박력분	8g	4g
	아몬드 가루	8g	4g
	베이킹파우더	13g	4g
	베이킹소다	13g	4g
	계핏가루	6g	2g
	옥수수 전분	9g	3g
	녹차 가루	5g	2g
	설탕	13g	4g
	슈거파우더	8g	3g
	일반 소금	14g	4g
	바닐라 가루	6g	3g
	커피 가루	8g	3g

계량스푼 사용 시

1/2
❶ 1큰술 또는 1작은술에서
중심으로 반을 덜어낸 양

1/4
❷ ❶에서 중심으로
반으로 덜어낸 양

1/8
❸ ❷에서 중심으로
반을 덜어낸 양

4. 먹고 남은 케이크 보관법

· 남은 머그컵 케이크는 랩을 씌워 상온에 두거나 냉장실에 넣어 보관한다.
· 상온에 둘 경우 햇볕이 들지 않는 곳에 두고 되도록 빨리 먹는다.
· 생과일이나 생크림 등은 온도에 민감한 재료이므로 반드시 랩을 씌워 냉장 보관한다.

맛의 결정타, **전자레인지 사용 TIP!**

☑ 전자레인지 사용에 적합한 머그컵 구별하기

사용 가능한 머그컵

○

도자기 재질   내열유리 재질

사용할 수 없는 머그컵

✕

플라스틱 재질   스테인리스 재질   강화유리 재질

☑ 전자레인지로 머그컵 케이크 맛있게 굽기

❶ 반죽이 끝난 머그컵을 전자레인지 회전 테이블 중앙에 놓는다.
　→ 머그컵의 위치에 따라 맛의 차이가 날 수 있다.
　→ 회전 테이블 중앙에서 구우면 케이크가 골고루 익어서 맛과 식감이 좋다.
❷ 조리 시간을 1분(또는 레시피대로)으로 맞추고 굽는다.
　→ 케이크의 상태를 보면서 다시 굽는 시간을 조절할 수 있다.
　→ 케이크가 머그컵 밖으로 넘치는 것을 막을 수 있다.
　→ 전자레인지 출력이 700W라면 1분(또는 레시피대로) 동안 먼저 굽고 내용물 상태에 따라
　　30초 단위로 추가한다.

✔️ 친환경 방법으로 전자레인지 청소하기

전자레인지의 청결 상태는 케이크의 맛과 향에 영향을 줄 수 있다. 합성세제와 같은 화학제품으로 청소할 경우 조리한 음식에 혹시라도 화학성분이 남아 있지 않을까 염려스럽다. 특히 아이들에게 먹일 음식을 조리할 경우에는 더 그렇다. 무공해 재료로 전자레인지 속 기름기와 냄새를 한 번에 제거하는 방법을 알아보자.

• 준비 재료
베이킹소다 15작은술
식초 1작은술
레몬 방향유(essential oil) 5방울

• 청소법
❶ 준비한 재료를 한데 섞는다. 레몬 방향유를 넣으면 향이 좋아진다.
❷ 물기가 있는 스펀지에 ❶을 묻혀 전자레인지의 내부를 닦은 후 물수건으로 깨끗이 헹군다.
❸ 30초 정도 전자레인지 문을 열어두고 내부를 건조시킨다.
❹ 내부 건조가 끝나면 친환경 전자레인지 청소 끝!

Chapter 1

만 기 보
도 해
한 복 행
시 간

'달콤 두근' 케이크

초코 머그컵 케이크

달콤한 초콜릿과 부드러운 케이크의 매혹적인 유혹.
내가 만든 머그컵 케이크로 행·복·충·전!

재료

- [ ] 다크 초콜릿 25g
- [ ] 밀크 초콜릿 20g
- [ ] 버터 1cm 두께 1조각(30g)
- [ ] 작은 달걀 1개
- [ ] 설탕 1과 1/2큰술
- [ ] 박력분 2와 1/2큰술
- [ ] 우유 4작은술
- [ ] 화이트 초코칩 1큰술

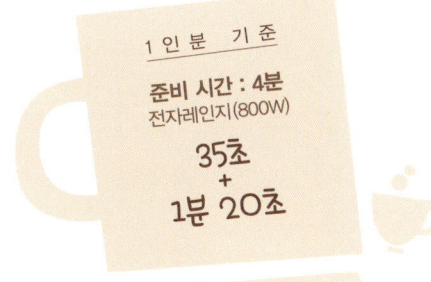

1 인 분 기 준

준비 시간 : 4분
전자레인지(800W)

35초
+
1분 20초

요리하기

1. 머그컵에 다크 초콜릿과 밀크 초콜릿을 조각으로 잘라 넣고 으깬 후 버터를 넣어준다.
2. 전자레인지에 35초 정도 돌려준 후 내용물이 녹으면 골고루 섞어준다.
3. 달걀, 설탕, 박력분, 우유를 넣고 잘 섞어준다. 이때 반죽이 매끄럽고 균일해야 한다.
4. 마지막으로 화이트 초코칩을 넣고 전자레인지에 1분 20초 동안 구워주면 케이크 완성!
5. 완성된 머그컵 케이크는 식은 후 먹는다.

잠깐!

- 좀 더 부드러운 맛을 원하면 굽는 시간을 조금 줄여주세요.
- 초콜릿 사용시 코인 타입이나 블록 타입은 개당 중량을 기준으로 계산하여 사용하고 시중에서 구매한 초콜릿은 전체 중량에서 필요한 양만큼 사용하세요.

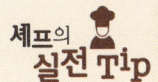
셰프의 실전 Tip

- 초콜릿은 반드시 홈베이킹 재료상에서 구입할 필요없이 시중에 판매되는 것을 입맛에 따라 넣어도 좋습니다.
- 화이트 초코칩 대신 시중에서 파는 화이트 초콜릿을 잘게 부셔 넣어도 됩니다.

바나나와 밀크 초콜릿의 달콤함과 마시멜로의 부드러움이 만났습니다.

Mug cake *de l'ours guimauve à la banane*

재료

- ☐ 가염버터 0.5cm 두께 1과 1/3조각(20g)
- ☐ 흑설탕 2와 1/2작은술
- ☐ 박력분 2와 1/2작은술
- ☐ 옥수수 전분 1큰술
- ☐ 베이킹파우더 1/4작은술
- ☐ 밀크 초콜릿 5g
- ☐ 바나나 1개
- ☐ 우유 4작은술
- ☐ 마시멜로 1~3개

1 인 분 기 준

준비 시간 : 4분
전자레인지(800W)

20초
+
1분

요리하기

1. 머그컵에 가염버터를 넣고 전자레인지에 20초 정도 돌려준 후 버터가 녹으면 흑설탕을 넣고 미니 거품기로 섞어준다.
2. 박력분, 옥수수 전분, 베이킹파우더와 밀크 초콜릿을 넣어준다.
3. 바나나를 잘게 잘라 우유와 함께 넣고 골고루 섞어준다.
4. 마시멜로를 올린 후 전자레인지에 1분 정도 구워주면 케이크 완성!
5. 완성된 머그컵 케이크는 식은 후 먹는다.

잠깐!

완성된 머그컵 케이크 위에 쿠키를 조각내어 뿌려주어도 좋고, 또는 초콜릿을 전자레인지에 녹여 마시멜로에 입힌 후 머그컵 케이크 위에 장식해도 좋아요.

셰프의 실전 Tip 베이킹 시 가루 재료들을 먼저 섞은 후 물이나 우유를 넣어야 반죽이 안 뭉치고 잘 섞입니다.

바닐라 머그컵 케이크

남성분들은 잠시 STOP!
감성 충만 여성분들을 위한 달콤한 케이크입니다.

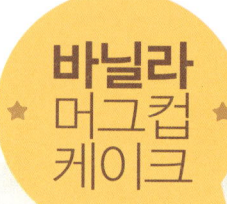

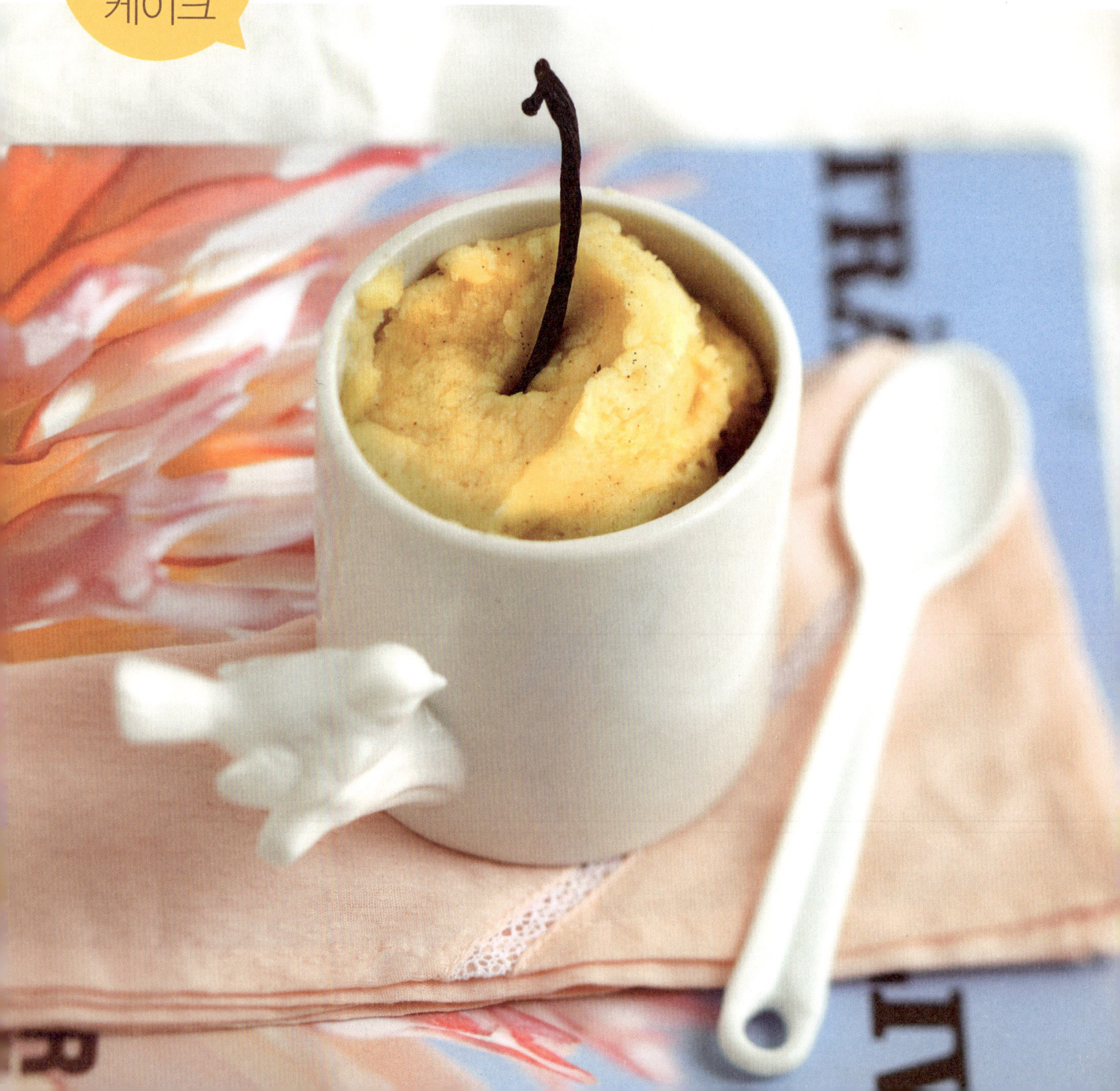

재료

- ☐ 버터 1cm 두께 5/6조각(25g)
- ☐ 작은 달걀 흰자 1개
- ☐ 바닐라 설탕 5작은술
- ☐ 박력분 2와 1/2작은술
- ☐ 옥수수 전분 1큰술
- ☐ 베이킹파우더 1/4작은술
- ☐ 바닐라 맛 요거트 4작은술
- ☐ 바닐라 에센스 1~2방울
- ☐ 바닐라 가루 1/4작은술

1 인 분 기 준

준비 시간 : 4분
전자레인지(800W)

25초
+
1분

 요리하기

1. 머그컵에 버터를 넣고 전자레인지에 25초 정도 돌려준 후 버터가 녹으면
   달걀흰자와 바닐라 설탕을 넣고 섞어준다.
2. 박력분, 옥수수 전분, 베이킹파우더를 넣고 섞어준다.
3. 바닐라 맛 요거트를 붓고 저으면서 바닐라 에센스와 바닐라 가루를 넣고 섞어준다.
4. 전자레인지에 1분 정도 구워주면 케이크 완성!
5. 완성된 머그컵 케이크는 식은 후 먹는다.

 잠깐!

완성된 반죽 위에 캐러멜을 올려 구우면 더 맛있어요.

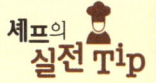 **셰프의 실전 Tip**

- 바닐라 맛 요거트가 없다면 플레인 요거트를 넣어도 좋습니다.
- 바닐라 가루와 바닐라 에센스 대신 바닐라 오일을 몇 방울 넣으면 향이 더 좋아집니다.
  바닐라 오일은 백화점이나 인터넷 쇼핑몰에서 쉽게 구할 수 있어요.

잘 알려지지 않은 비밀 레시피 공개!
한입 먹는 순간, 구름 위를 걷는 듯한 기분을 느낄 수 있습니다.

재료

- ☐ 프랄린 초콜릿 45g
- ☐ 가염버터 0.5㎝ 두께 1조각(15g)
- ☐ 작은 달걀 1개
- ☐ 설탕 2와 1/2작은술
- ☐ 박력분 2와 1/2큰술
- ☐ 베이킹파우더 1/4작은술
- ☐ 생크림 4작은술
- ☐ 마시멜로 1~3개

1 인 분 기 준

준비 시간 : 4분
전자레인지(800W)

35초
+
1분

 요리 하기

1. 머그컵에 조각낸 초콜릿과 가염버터를 넣고 전자레인지에 35초 정도 돌려서 녹여준다.
2. 내용물을 잘 섞은 후 달걀과 설탕, 박력분과 베이킹파우더를 넣어준다.
3. 생크림을 넣고 다시 한 번 섞어준다.
4. 마시멜로를 올린 다음 전자레인지에 1분 정도 구워주면 케이크 완성!
5. 완성된 머그컵 케이크는 식은 후 먹는다.

 잠깐!

- 마시멜로 대신 머랭(달걀흰자에 설탕을 넣어 거품을 낸 것)을 넣어도 좋아요.
- 내용물은 머그컵 중간까지만 채워주세요. 내용물이 부풀어 올라 머그컵 밖으로 넘칠 수 있어요. 만약 굽는 도중에 내용물이 넘치려 한다면 전자레인지 문을 열어 내용물이 가라앉을 때까지 몇 초간 기다린 후 다시 구워주세요. 이때 30초 단위로 해주세요.

 **셰프의 실전 Tip**

- 프랄린 초콜릿은 견과류나 캐러멜에 넣고 초콜릿을 씌워 만든 것으로, 가까운 대형 마트에 가면 다양한 종류로 구할 수 있습니다.
- 가염버터가 없을 경우 시중에서 판매하는 일반 버터(무염버터)를 사용해도 됩니다.

배·캐러멜 머그컵 케이크

재료

- ☐ 버터 1cm 두께 1조각(30g)
- ☐ 작은 달걀 1개
- ☐ 흑설탕 5작은술
- ☐ 박력분 2와 1/2작은술
- ☐ 옥수수 전분 1큰술
- ☐ 베이킹파우더 1/4작은술
- ☐ 배 주스 4작은술
- ☐ 통조림 배 1/2개
- ☐ 캐러멜 1개

1 인 분 기 준

준비 시간 : 4분
전자레인지(800W)

25초
+
1분 10초

 요리하기

1. 머그컵에 버터를 넣고 전자레인지에 25초 정도 돌려준 후 버터가 녹으면
   달걀과 흑설탕을 넣고 미니 거품기로 섞어준다.
2. 박력분, 옥수수 전분, 베이킹파우더를 넣은 후 배 주스를 붓고 반죽이 매끈해질 때까지
   미니 거품기로 잘 섞어준다.
3. 통조림 배를 네모나게 잘라 넣고 캐러멜도 조각으로 잘라 넣은 후 잘 섞어준다.
4. 전자레인지에 1분 10초 정도 구워주면 케이크 완성!
5. 완성된 머그컵 케이크는 식은 후 먹는다.

 잠깐!

캐러멜 맛을 좋아하면 무염버터 대신 가염버터를 넣으세요. 캐러멜 맛이 진해집니다.

 **셰프의 실전 Tip**

- 머그컵 케이크 위에 초콜릿 조각을 뿌려주면 더욱 달콤한 맛을 즐길 수 있습니다.
- 꼭 통조림 배를 사용합니다. 생과일 배를 사용하면 수분이 많아서 맛이 많이 떨어집니다.

재료

- ☐ 버터 0.5㎝ 두께 1과 1/3조각(20g)
- ☐ 박력분 2와 1/2큰술
- ☐ 베이킹파우더 1/4작은술
- ☐ 로투스 잼 2큰술
- ☐ 우유 4작은술
- ☐ 작은 달걀 흰자 1개
- ☐ 슈거파우더 1과 1/4큰술
- ☐ 계핏가루 1꼬집

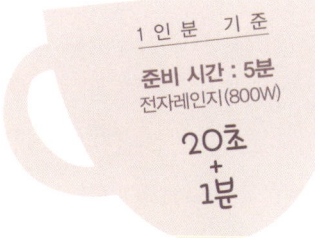

1 인 분 기 준

준비 시간 : 5분
전자레인지(800W)

20초
+
1분

요리하기

1. 머그컵에 버터를 넣고 전자레인지에 20초 정도 돌려준 후 버터가 녹으면
   박력분과 베이킹파우더를 넣고 미니 거품기로 섞어준다.
2. 다른 머그컵에 우유와 로투스 잼을 넣고 잘 섞은 후 1에 넣고 저어준다.
3. 작은 볼에 달걀흰자와 슈거파우더를 넣고 미니 거품기로 눈처럼 하얗게 되도록 섞은 후
   2에 넣고 저어준다.
4. 계핏가루를 뿌린 후 전자레인지에 1분 정도 구워주면 케이크 완성!
5. 완성된 머그컵 케이크는 식은 후 먹는다.

잠깐!

케이크를 굽기 바로 전에 다크 초콜릿 한 조각을 올려주면 더 맛있어요.

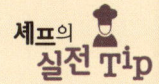 **셰프의 실전 Tip**

로투스 쿠키로 유명한 로투스 사(社)의 로투스 잼은 프랑스 사람들이 애용하는 잼으로, 식빵
이나 바게트에 발라 먹어도 맛있습니다. 로투스 잼은 가까운 마트에서 구입할 수 있습니다.

바나나 머그컵 케이크

입안을 감도는 감미로운 럼주의 향!
아이들을 위한 케이크에는 럼주 대신에 코코넛 우유를 넣어주세요.

재료

- ☐ 버터 0.5㎝ 두께 1과 1/3조각(20g)
- ☐ 흑설탕 4작은술
- ☐ 으깬 바나나 1개
- ☐ 박력분 3큰술
- ☐ 베이킹파우더 1/4작은술
- ☐ 럼주 4작은술
- ☐ 바닐라 가루 1/4작은술
- ☐ 코코넛 슬라이스 1큰술

1 인 분 기 준

준비 시간 : 4분
전자레인지(800W)

20초
+
1분

 요리 하기

1. 머그컵에 버터를 넣고 전자레인지에 20초 정도 돌려준 후 버터가 녹으면 흑설탕을 넣고 미니 거품기로 섞어준다.
2. 으깬 바나나, 박력분, 베이킹파우더와 럼주를 넣은 후 반죽이 매끈해질 때까지 미니 거품기로 잘 섞어준다.
3. 바닐라 가루와 코코넛 슬라이스를 넣고 다시 한 번 섞어준다.
4. 전자레인지에 1분 정도 구워주면 케이크 완성!
5. 완성된 머그컵 케이크는 식은 후 먹는다.

 잠깐!

- 오래된 바나나를 활용할 수 있는 유용한 레시피입니다.
- 전자레인지에 굽기 전에 바운티(Bounty) 초콜릿 바 몇 조각을 넣어주면 더욱 맛있는 케이크가 완성됩니다. 바운티 초콜릿 바가 없다면 일반 초콜릿을 사용하세요.

 **셰프의 실전 Tip**

바나나는 초콜릿과 잘 어울리는 재료입니다. 갓 구운 케이크 위에 초콜릿을 잘게 조각내어 뿌려 드시면 더욱 맛있습니다.

밤 머그컵 케이크

겨울철에 먹기 안성맞춤인 머그컵 케이크를 소개합니다.
가족과 함께 푹신한 소파에 앉아 먹는 케이크…… 생각만 해도 행복하죠?

재료

- ☐ 버터 0.5㎝ 두께 2와 1/3조각(35g)
- ☐ 작은 달걀 1개
- ☐ 박력분 2와 1/2큰술
- ☐ 연유 4작은술
- ☐ 밤 크림 2큰술
- ☐ 통조림 밤 1큰술
- ☐ 다크 초콜릿 조각 약간

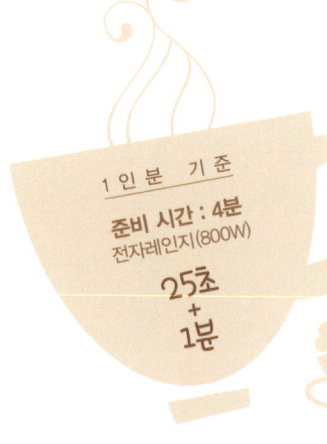

1 인 분 기 준

준비 시간 : 4분
전자레인지(800W)

25초
+
1분

**요리
하기**

1. 머그컵에 버터를 넣고 전자레인지에 25초 정도 돌려준다.
2. 버터가 녹으면 달걀을 넣고 섞어준다.
3. 박력분과 연유를 넣고 잘 섞어준다.
4. 밤 크림과 통조림 밤을 넣고 전자레인지에 1분 정도 구워주면 케이크 완성!
5. 케이크가 식으면 다크 초콜릿 조각을 뿌려서 마무리한다.

30
·
31

잠깐!

케이크 반죽에 아몬드 가루를 넣어주면 고소한 풍미를 얻을 수 있어요.

 **셰프의
실전 Tip**

- 밤 크림이 없다면 시중에 파는 양갱에 생크림을 조금 넣고 크림 형태로 만들어주면 됩니다.
- 통조림 밤 대신 시중에서 판매하는 '맛밤'을 조각내어 사용해도 됩니다.

브라우니 머그컵 케이크

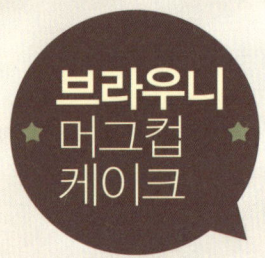

'크렘 앙글레즈(crème anglaise, 커스터드 크림)'나
바닐라 아이스크림과 함께 곁들여 먹으면 더욱 좋지만, 칼로리가 높으니 주의하세요!

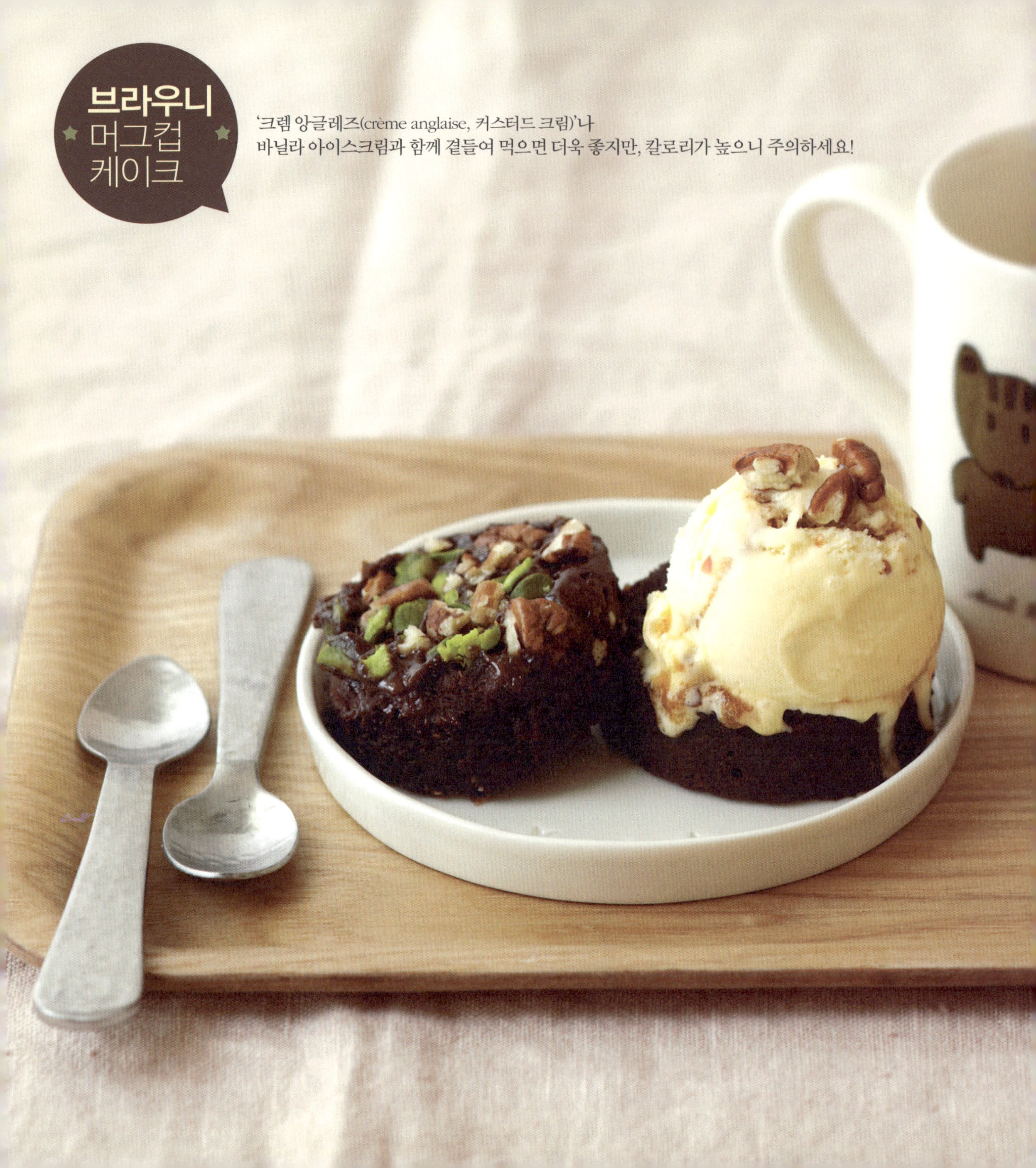

재료

- ☐ 다크 초콜릿 45g
- ☐ 가염버터 1cm 두께 5/6조각(25g)
- ☐ 작은 달걀 1개
- ☐ 흑설탕 2와 1/2작은술
- ☐ 슈거파우더 1과 1/4큰술
- ☐ 박력분 2큰술
- ☐ 아몬드 가루 1작은술
- ☐ 생크림 4작은술
- ☐ 피칸 2큰술
- ☐ 피스타치오 1큰술

1 인 분 기 준

준비 시간 : 5분
전자레인지(800W)

35초
+
1분

**요리
하기**

1. 머그컵에 조각낸 다크 초콜릿과 가염버터를 넣고 전자레인지에 35초 정도 돌려준다.
2. 내용물이 녹으면 달걀, 설탕, 박력분, 아몬드 가루를 넣고 미니 거품기로 섞어준다.
3. 생크림을 부어준 후 잘게 빻은 피칸과 피스타치오를 넣고 잘 섞어준다.
4. 전자레인지에 1분 정도 구워주면 케이크 완성!
5. 완성된 머그컵 케이크가 식은 후 슈거파우더를 뿌린다.

잠깐!

갓 구워낸 케이크 위에 아이스크림을 얹어 먹으면 더욱 맛있어요.

**셰프의
실전 Tip**

견과류는 기름을 두르지 않은 프라이팬에 3분 정도 볶아주세요. 더욱 고소하게 드실 수 있습니다.

화이트 초콜릿 · 커피 머그컵 케이크

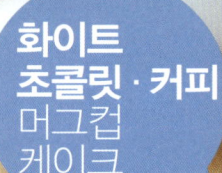

이번 머그컵 케이크는 다른 것보다 노력이 살짝 더 필요합니다.
찬장에서 졸고 있는 머그컵을 한 개 더 꺼내서 맛있는 케이크를 만들어보세요.

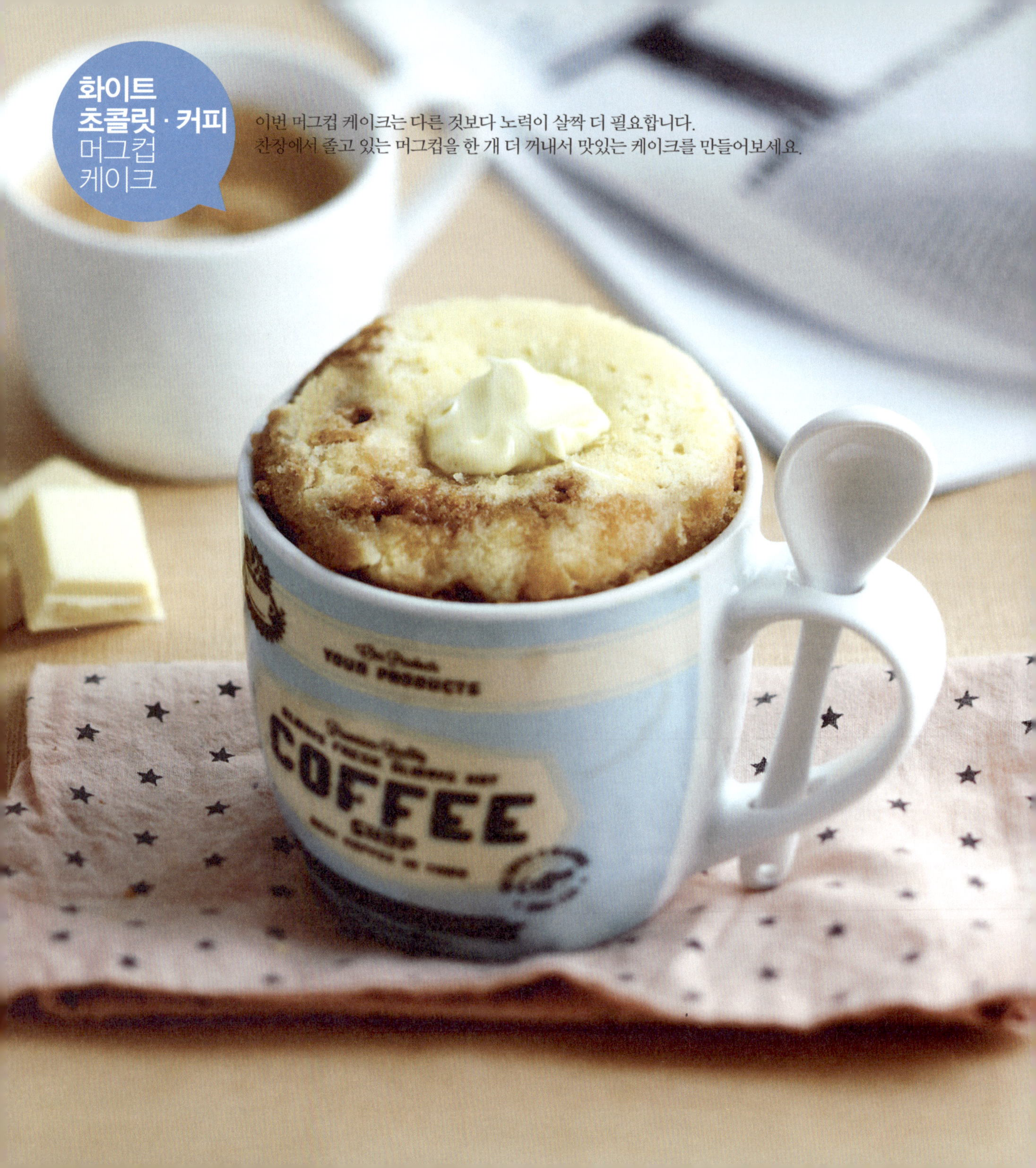

재료

- ☐ 버터 1cm 두께 1조각(30g)
- ☐ 작은 달걀 흰자 2개
- ☐ 박력분 2와 1/2큰술
- ☐ 흑설탕 5작은술
- ☐ 커피 생크림 2큰술
- ☐ 커피 엑기스 3방울
- ☐ 화이트 초콜릿 생크림 2큰술
- ☐ 화이트 초콜릿 1조각

1 인 분 기 준

준비 시간 : 5분
전자레인지(800W)

20초
+
1분

 요리하기

1. 준비한 버터를 이등분하여 두 개의 머그컵에 각각 넣고 전자레인지에 20초 정도 돌려준다.
2. 버터가 녹으면 각각의 머그컵에 달걀흰자와 박력분, 흑설탕을 절반씩 넣고 섞어준다.
3. 하나의 머그컵에는 커피 생크림과 커피 엑기스를 넣고 반죽이 매끄러워질 때까지 저어준다.
4. 다른 머그컵에는 화이트 초콜릿 생크림을 넣고 섞어준다.
5. 4의 내용물을 3의 머그컵에 붓는다. 이때 두 반죽이 완전히 섞이지 않도록 조심하면서 마블링이 예쁘게 생기도록 젓가락이나 칼로 지그재그 모양을 만든다.
6. 머그컵 중앙에 화이트 초콜릿 조각을 올리고 전자레인지에 1분 정도 구워주면 케이크 완성!
7. 완성된 머그컵 케이크는 식은 후 먹는다.

 잠깐!

흑설탕 대신에 아가베 시럽이나 꿀 또는 메이플 시럽을 넣으면 풍미가 더 살아납니다.

 셰프의 **실전 Tip**

- 커피 생크림, 화이트 초콜릿 생크림 대신 일반 생크림을 넣어도 됩니다.
- 커피 엑기스가 없다면 커피 가루 1/2작은술을 넣어도 됩니다.

누텔라
잼
머그컵
케이크

정신없는 일상 속에서 '단것'이 필요할 때 만들어보세요.
간편하게 만드는 케이크지만 그 효과는 매우 강력하답니다.

재료

- ☐ 버터 1cm 두께 1/3조각(10g)
- ☐ 누텔라 잼 2큰술
- ☐ 작은 달걀 2개
- ☐ 박력분 2와 1/2큰술
- ☐ 베이킹파우더 1/4작은술
- ☐ 우유 4작은술
- ☐ M&M 초콜릿 10개

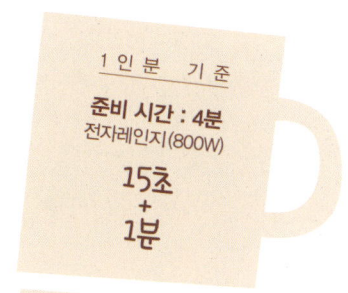

1 인 분 기 준

준비 시간 : 4분
전자레인지(800W)

15초
+
1분

**요리
하기**

1. 머그컵에 조각낸 버터와 누텔라 잼을 넣고 전자레인지에 15초 정도 돌려준 후
   내용물이 녹으면 달걀을 넣고 미니 거품기로 섞어준다.
2. 박력분과 베이킹파우더를 넣으면서 저어준다.
3. 반죽이 매끈해질 때까지 계속 저으면서 우유를 조금씩 넣어준다.
4. M&M's 초콜릿을 잘게 빻아 넣고 전자레인지에 1분 정도 구워주면 케이크 완성!
5. 완성된 머그컵 케이크는 식은 후 먹는다.

잠깐!

- '누텔라'와 'M&M's'는 상표명입니다. 시중에서 쉽게 구할 수 있어요.
- 박력분 대신 옥수수 전분과 박력분을 1 대 1 비율로 섞어서 사용해보세요. 더욱 부드러운 머그컵 케이크가 탄
  생합니다.
- M&M 초콜릿 대신 시중에 파는 '뮈슬리(muesli)'를 넣어도 좋습니다. 뮈슬리는 시리얼이나 플레이크처럼 곡물
  과 과일 등을 거칠게 빻아 혼합해놓은 것으로, 간단한 아침 식사로 좋아요.

**셰프의
실전 Tip**

한번 맛보면 멈출 수 없어서 '악마의 잼'이라고 불리는 누텔라 잼은 빵에 발라 먹어도 맛있
습니다. 대형 마트나 백화점에 가면 손쉽게 구할 수 있습니다.

쿠키 머그컵 케이크

서랍에 감춰두고 혼자만 알고 싶을 정도로 맛있는 머그컵 케이크 레시피!

재료

- ☐ 버터 0.5cm 두께 1조각(15g)
- ☐ 흑설탕 2와 1/2작은술
- ☐ 바닐라 설탕 2와 1/2작은술
- ☐ 작은 달걀 노른자 1개
- ☐ 박력분 2와 1/2큰술
- ☐ 옥수수 전분 1큰술
- ☐ 개암 가루 2큰술
- ☐ 프랄린 가루 1작은술
- ☐ 잘게 부순 다크 초콜릿 2큰술

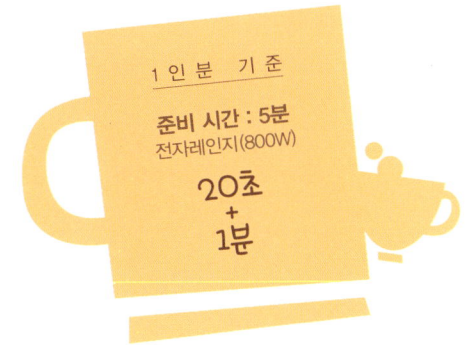

1인분 기준

준비 시간 : 5분
전자레인지(800W)

20초
+
1분

 요리 하기

1. 머그컵에 버터를 넣고 전자레인지에 20초 정도 돌려준 후 버터가 녹으면 흑설탕과 바닐라 설탕을 넣어준다.
2. 달걀노른자를 넣고 섞어준다.
3. 박력분, 옥수수 전분, 개암 가루, 프랄린 가루, 잘게 부순 다크 초콜릿을 넣고 미니 거품기로 잘 섞어준다.
4. 전자레인지에 1분 정도 구워주면 케이크 완성!
5. 완성된 머그컵 케이크는 식은 후 먹는다.

 잠깐!

잘게 부순 초콜릿은 비닐 봉투에 넣고 망치로 두드리면 쉽게 만들 수 있어요.

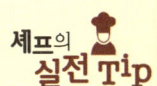 **셰프의 실전 Tip**

- 개암 가루는 프랑스에서 흔히 구할 수 있지만 국내에서는 좀처럼 구하기 어렵습니다. 대신 호두나 아몬드, 땅콩, 헤이즐넛 등 좋아하는 견과류를 빻아 넣어도 됩니다.
- 프랄린 가루는 인터넷 쇼핑몰에서 구입할 수 있지만, 꼭 넣지 않아도 됩니다.

무 기 력 이 여
안 녕

'상큼 발랄' 케이크

레몬 머그컵 케이크

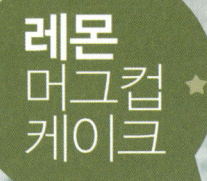

나른한 오후, 상큼한 케이크가 생각난다면?
지금 바로 머그컵을 준비하세요!

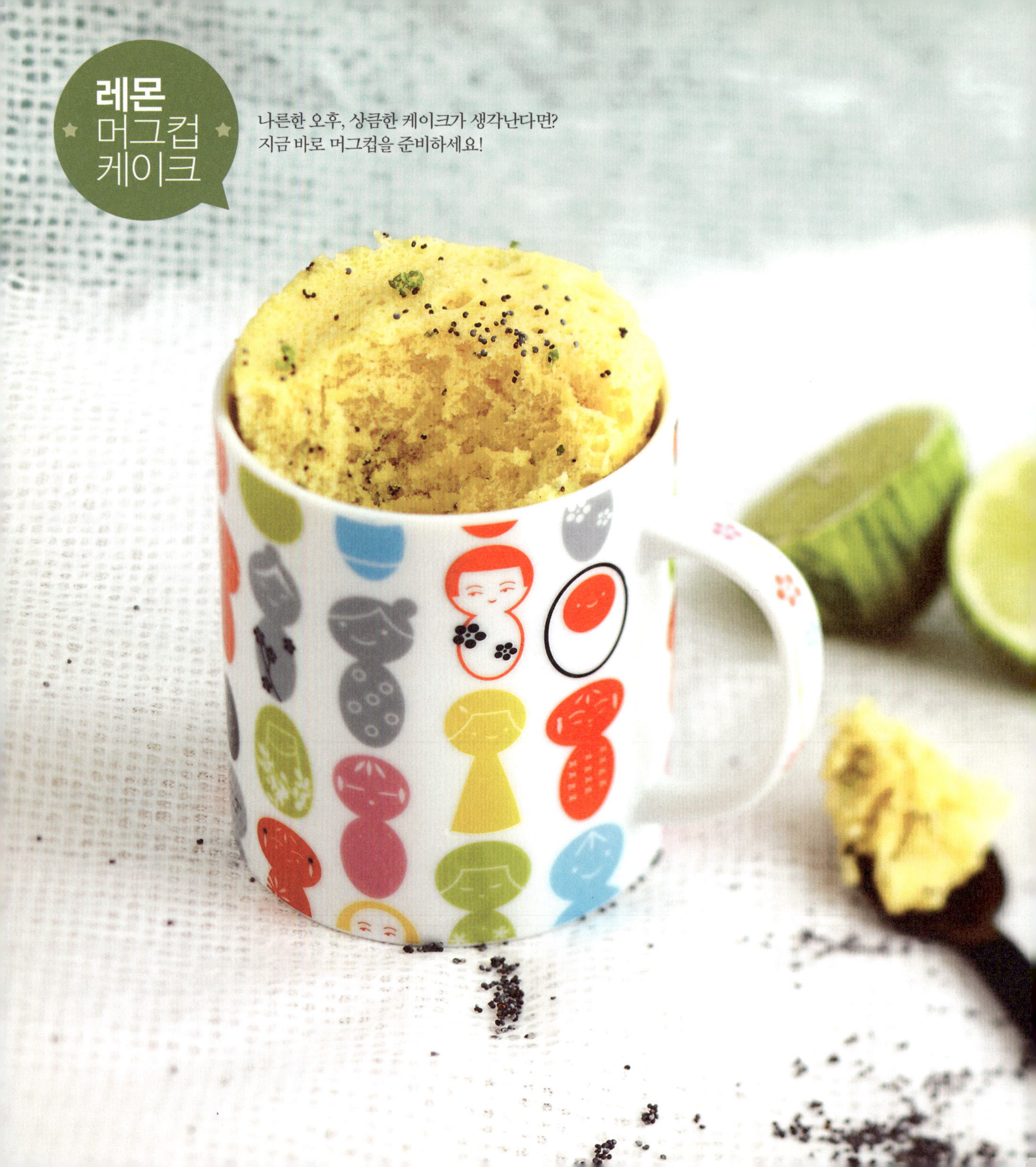

재료

- ☐ 작은 달걀 2개
- ☐ 흑설탕 5작은술
- ☐ 레몬 또는 라임 제스트 1큰술
- ☐ 박력분 2큰술
- ☐ 아몬드 가루 2와 1/2작은술
- ☐ 베이킹파우더 1/4작은술
- ☐ 레몬즙 또는 라임즙 1/2개
- ☐ 우유 4작은술
- ☐ 레몬 마멀레이드 1큰술

1 인 분   기 준

준비 시간 : 4분
전자레인지(800W)

1분

 요리 하기

1. 머그컵에 달걀과 흑설탕, 레몬 제스트를 넣고 하얗게 될 때까지 저어준다.
2. 계속 저으면서 박력분과 아몬드 가루, 베이킹파우더를 넣어준다.
3. 레몬즙과 우유를 넣고 반죽이 매끄러워질 때까지 저은 후 레몬 마멀레이드를 넣고 섞어준다.
4. 전자레인지에 1분 정도 구워주면 케이크 완성!
5. 완성된 머그컵 케이크는 식은 후 먹는다.

 잠깐!

- 미니 거품기를 사용하면 반죽하기 편해요. 다른 양념이나 마요네즈를 만들 때도 유용하답니다.
- 레몬 마멀레이드가 없다면 레몬 잼이나 레몬 청을 사용해도 좋아요.

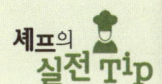 **셰프의 실전 Tip**

제스트(zest)란 강판이나 제스터를 이용하여 오렌지나 레몬 등의 껍질을 얇게 갈아준 것을 말합니다. 제스터가 없다면 껍질을 얇게 저며 다진 후 사용하세요. 이때 껍질 안쪽의 하얀 부분이 들어가지 않도록 주의하세요. 하얀 부분이 들어가면 맛이 텁텁해지고 씁쓸한 맛이 강해집니다.

딸기의 상큼함과 초콜릿의 달콤함이 어우러진 환상의 맛.
한입 먹는 순간 몸도 마음도 UP!

재료

- ☐ 작은 달걀 흰자 1개
- ☐ 귀리 가루 1큰술
- ☐ 다크 초콜릿 1큰술
- ☐ 베이킹파우더 1/4작은술
- ☐ 바닐라 가루 1작은술
- ☐ 딸기 가루 3큰술
- ☐ 우유 4작은술
- ☐ 딸기 3개

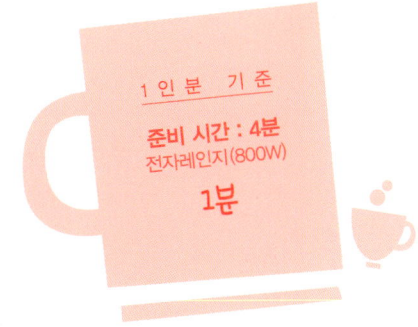

1 인 분 기 준

준비 시간 : 4분
전자레인지(800W)
1분

요리하기

1. 머그컵에 달걀흰자, 귀리 가루, 다크 초콜릿, 베이킹파우더, 바닐라 가루를 넣고 섞어준다.
2. 딸기 가루와 우유를 부어준다.
3. 반죽이 매끈해질 때까지 저은 후 딸기를 작게 잘라 넣어준다.
4. 전자레인지에 1분 정도 구워주면 케이크 완성!
5. 완성된 머그컵 케이크는 식은 후에 먹는다.

잠깐!

식사하기 바로 전에 머그컵 케이크를 만들어두면 식사 후 디저트로 먹기 좋아요. 알맞게 식은 케이크가
더 부드럽거든요.

셰프의 실전 Tip   귀리 가루 대신 박력분이나 옥수수 전분을 사용해도 됩니다.

식도락의 고장인 프랑스 노르망디의 풍미를 담은 머그컵 케이크! 감기에 좋아요~.

Mug cake *antigrippe pommes, miel et calvados*

 재료

- ☐ 버터 0.5cm 두께 1조각(15g)
- ☐ 꿀 3작은술
- ☐ 사과 잼 2큰술
- ☐ 박력분 2큰술
- ☐ 아몬드 가루 2와 1/2작은술
- ☐ 레몬 제스트 1작은술
- ☐ 칼바도스 4작은술

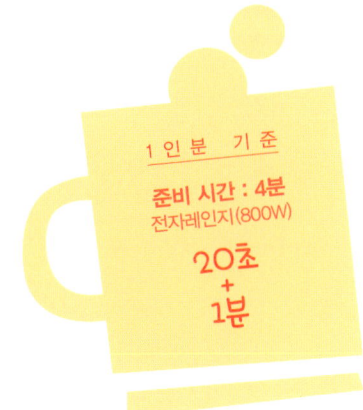

1 인 분 기 준

준비 시간 : 4분
전자레인지(800W)

20초
+
1분

 요리하기

1. 머그컵에 버터를 넣고 전자레인지에 20초 정도 돌려준 후 버터가 녹으면 꿀과 사과 잼을 넣고 섞어준다.
2. 박력분, 아몬드 가루, 레몬 제스트를 넣고 섞어준다.
3. 칼바도스를 붓고 잘 저어준다.
4. 전자레인지에 1분 정도 구워주면 케이크 완성!
5. 완성된 머그컵 케이크는 식은 후 먹는다.

 잠깐!

- 프랑스 노르망디를 대표하는 '칼바도스(calvados)'는 사과로 만든 브랜디로, 40도가 넘는 도수를 자랑합니다. 술이 약하거나 아이들에게 줄 케이크라면 칼바도스를 넣지 마세요. 칼바도스가 없다면 넣지 마세요.

 **셰프의 실전 Tip**

- 사과 잼은 너무 고운 것보다 사과 조각이 들어 있는 걸 넣으면 더욱 맛있습니다.
- 미식가인 프랑스 사람들은 간단하게 만드는 머그컵 케이크에도 다양한 종류의 술을 곁들여 풍미를 더하기도 합니다.

블루베리 머그컵 케이크

상큼하게 씹히는 블루베리가 매력적인 머그컵 케이크!
꼬마 숙녀도 엄마도 좋아할 맛있는 디저트입니다.

재료

- ☐ 버터 1cm 두께 1조각(30g)
- ☐ 작은 달걀 1개
- ☐ 메이플 시럽 2작은술
- ☐ 박력분 2와 1/2큰술
- ☐ 연유 4작은술
- ☐ 바닐라 가루 1/4작은술
- ☐ 블루베리 2큰술
- ☐ 하트 모양 스프링클 약간

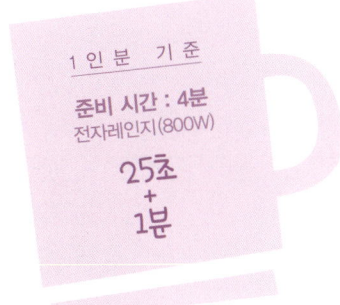

1 인 분 기 준
준비 시간 : 4분
전자레인지(800W)
25초 + 1분

 요리하기

1. 머그컵에 버터를 넣고 전자레인지에 25초 정도 돌려준다.
2. 버터가 녹으면 달걀과 메이플 시럽을 넣고 미니 거품기로 잘 섞어준다.
3. 박력분, 연유, 바닐라 가루와 물기를 제거한 블루베리를 넣고 섞어준다.
4. 전자레인지에 1분 정도 구워주면 케이크 완성!
5. 완성된 케이크가 식으면 하트 모양 스프링클을 뿌려서 먹는다.

잠깐!

- 달걀 하나를 다 넣는 것보다 달걀흰자만 거품을 내 넣으면 훨씬 부드러운 케이크를 만들 수 있어요.
- 블루베리는 병에 담겨 있는 것을 그대로 사용하거나 냉동 제품을 녹여 사용하세요.

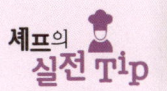 **셰프의 실전 Tip**

- 블루베리를 장식한 후 설탕 시럽이나 메이플 시럽을 살짝 발라주면 더욱 맛있게 보입니다.
- 바닐라 가루 대신 바닐라 오일 몇 방울을 넣어도 됩니다.
- 스프링클(sprinkle)은 케이크 위에 뿌려서 데커레이션을 할 수 있도록 가공된 초콜릿이나 색색의 설탕을 말합니다. 대형 마트나 백화점에서 구할 수 있어요.

초코·민트 머그컵 케이크

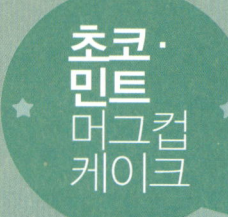

달콤한 초콜릿과 개운한 민트 향의 환상적인 맛으로 지친 심신을 상쾌하게~.
한 번 맛본 당신이라면 이미 중독자!

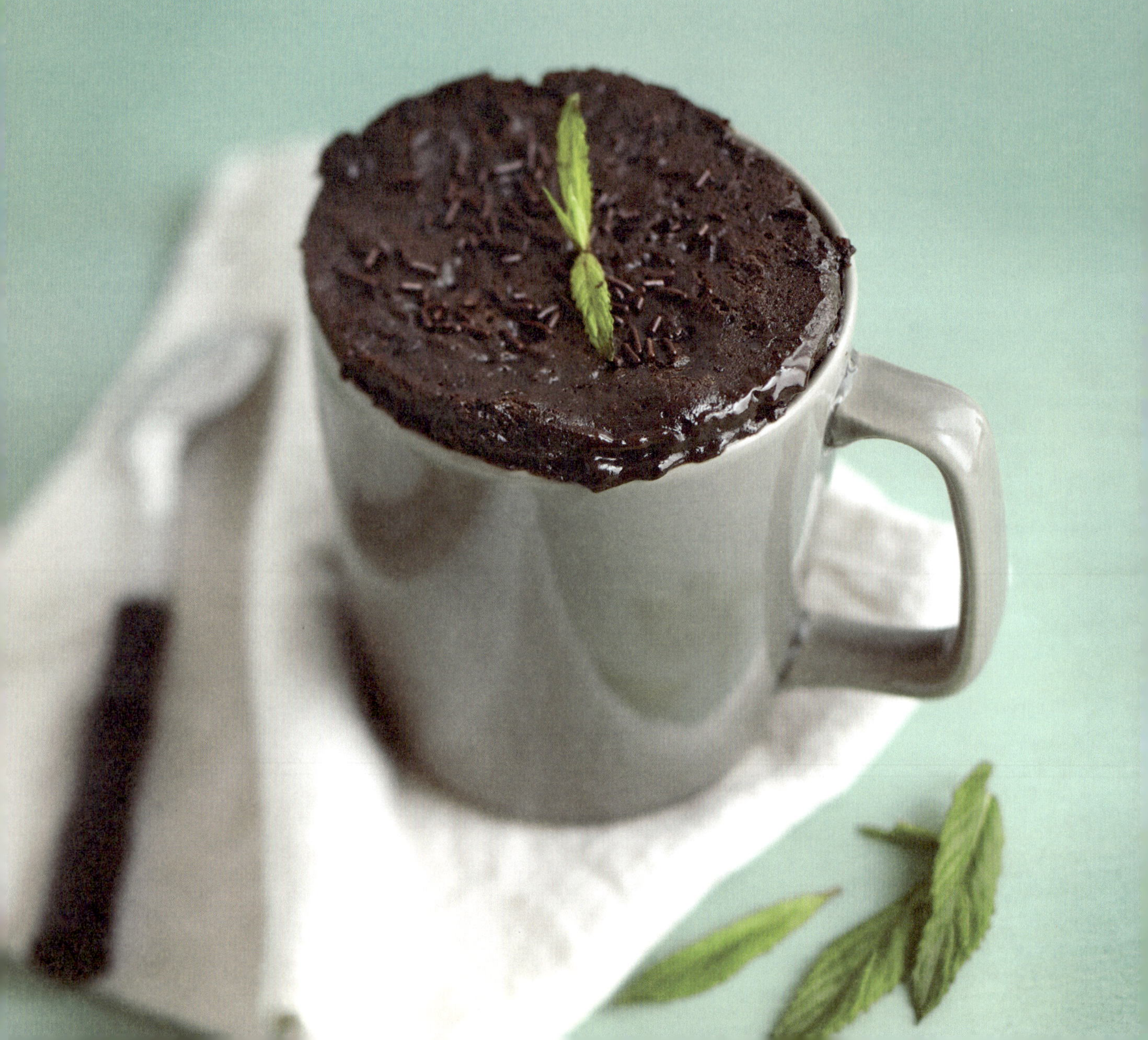

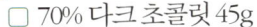

재료

- ☐ 70% 다크 초콜릿 45g
- ☐ 버터 1cm 두께 1조각(30g)
- ☐ 작은 달걀 1개
- ☐ 박력분 2와 1/2큰술
- ☐ 민트 시럽 4작은술
- ☐ 초콜릿 스프링클 1큰술
- ☐ 민트 잎 2~3개

1 인 분 기 준

준비 시간 : 4분
전자레인지(800W)

35초
+
1분

요리하기

1. 머그컵에 다크 초콜릿과 버터를 넣고 전자레인지에 35초 정도 돌려준다.
2. 내용물이 녹으면 달걀을 넣고 미니 거품기로 섞어준다.
3. 박력분, 민트 시럽, 초콜릿 스프링클을 넣고 반죽이 매끈해질 때까지 계속 저어준다.
4. 전자레인지에 1분 정도 구워주면 케이크 완성!
5. 완성된 머그컵 케이크가 식으면 민트 잎을 케이크 위에 올려 마무리한다.

잠깐!

반죽을 할 때 민트 초콜릿을 조각내어 넣어주면 더 맛있습니다.

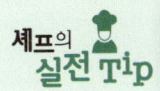

민트 잎이 없을 때 민트 잎 모양으로 종이를 자른 후 머그컵 위에 올리고 슈거파우더를 뿌려주면 더 예쁜 머그컵 케이크를 만들 수 있습니다.

산타 클로스 머그컵 케이크

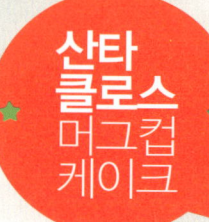

영국의 전통 디저트인 크리스마스 푸딩이 언제나 먹을 수 있는 머그컵 케이크로 변신!

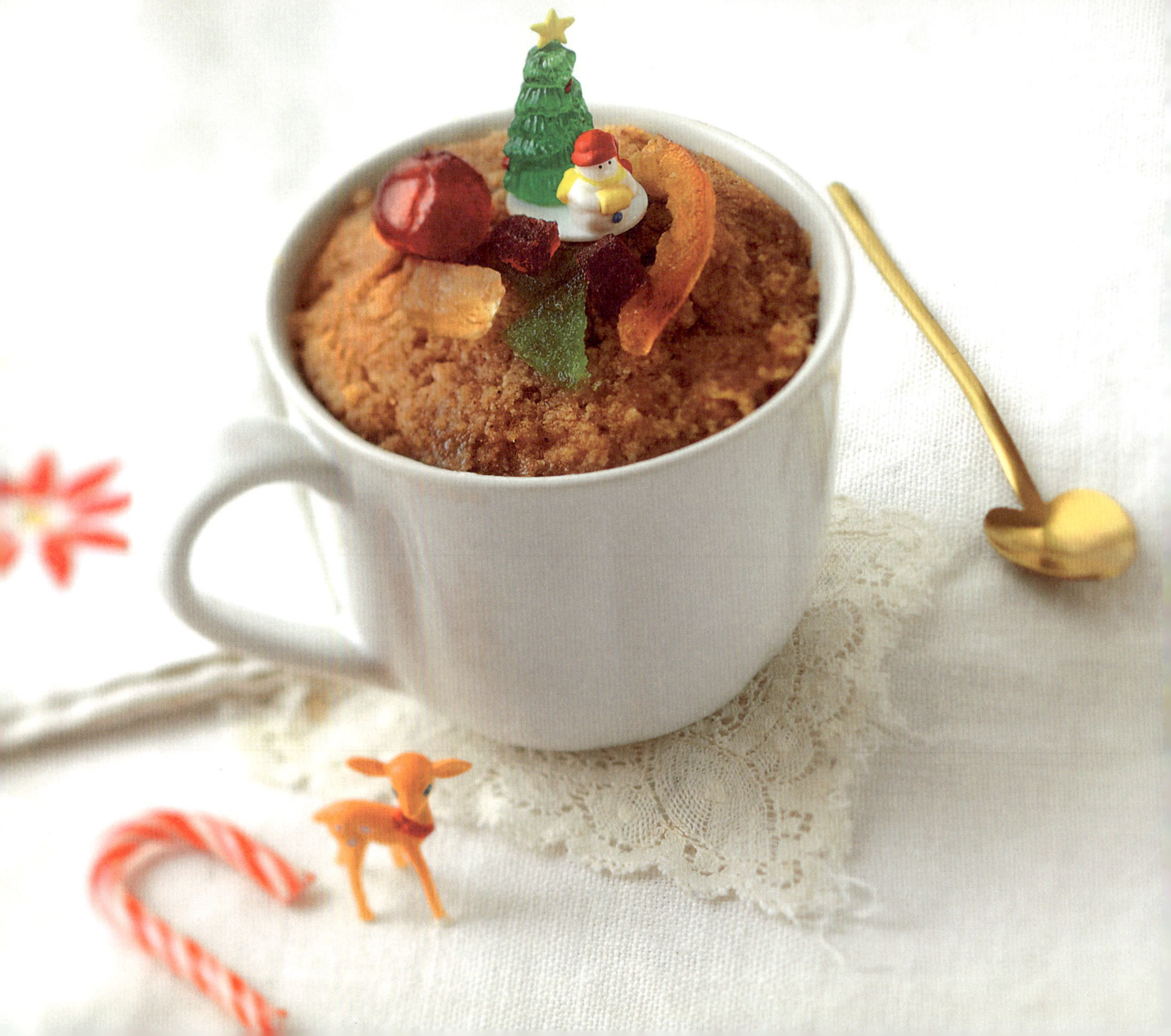

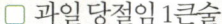 **재료**

- ☐ 과일 당절임 1큰술
- ☐ 건포도 1큰술
- ☐ 럼주 4작은술
- ☐ 계핏가루 1꼬집
- ☐ 버터 1㎝ 두께 5/6조각(25g)
- ☐ 작은 달걀 2개
- ☐ 흑설탕 2큰술

- ☐ 박력분 2와 1/2큰술
- ☐ 베이킹파우더 1/4작은술
- ☐ 올스파이스 1꼬집
- ☐ 오렌지 제스트 1작은술
- ☐ 아몬드 가루 1큰술
- ☐ 슈거파우더 약간

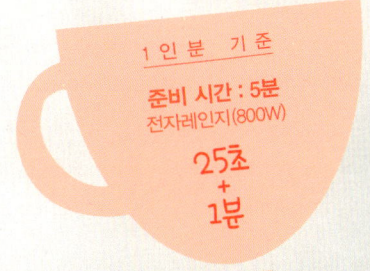

1 인 분 기 준

준비 시간 : 5분
전자레인지(800W)

25초
+
1분

 요리하기

1. 케이크 반죽을 만들기 몇 시간 전에 과일 당절임, 건포도, 계핏가루를 섞어서 럼주에 담가놓는다.
2. 머그컵에 버터를 넣고 전자레인지에 25초 정도 돌려준 후 버터가 녹으면 달걀과 흑설탕을 넣고 미니 거품기로 섞어준다.
3. 박력분, 베이킹파우더, 올스파이스, 오렌지 제스트, 아몬드 가루를 넣고 잘 섞어준 후 미리 준비해놓은 1을 넣고 살짝 저어준다.
4. 전자레인지에 1분 정도 구워주면 케이크 완성!
5. 완성된 머그컵 케이크가 식으면 슈거파우더를 살짝 뿌려서 먹는다.

잠깐!

'올스파이스(All Spice)'는 후추·계피·정향·육두구를 섞은 것 같은 향이 나는 향신료를 말합니다. 올스파이스가 없다면 후춧가루를 넣어주세요.

셰프의 실전 Tip

럼주에 절인 과일 당절임이 들어갔기 때문에 하루 이틀 정도 두었다 드시면 더욱 맛있습니다.

체리
머그컵
케이크

체리의 상큼한 매력이 돋보이는 머그컵 케이크!
유명 베이커리 케이크와 견주어도 손색이 없습니다.

재료

- ☐ 버터 1cm 두께 1조각(30g)
- ☐ 작은 달걀 1개
- ☐ 설탕 5작은술
- ☐ 박력분 2와 1/2큰술
- ☐ 우유 4작은술
- ☐ 생크림 2작은술
- ☐ 바닐라 오일 몇 방울
- ☐ 통조림 체리 2큰술
- ☐ 바닐라 설탕 1작은술

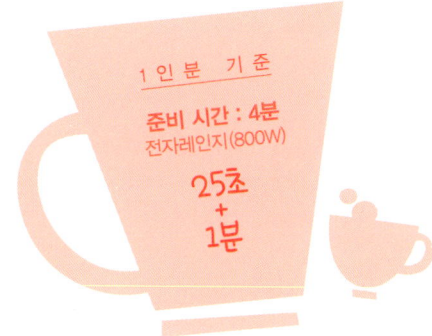

1 인 분　기 준

준비 시간 : 4분
전자레인지(800W)

25초
+
1분

 **요리
하기**

1. 머그컵에 버터를 넣고 전자레인지에 25초 정도 돌려준 후 버터가 녹으면
   달걀을 넣고 미니 거품기로 섞어준다.
2. 설탕, 박력분, 우유를 넣고 함께 섞어준다.
3. 생크림, 바닐라 오일을 넣고 섞은 후 체리를 넣고 가볍게 저어준다.
4. 전자레인지에 1분 정도 구워주면 케이크 완성!
5. 완성된 케이크가 식으면 바닐라 설탕을 뿌려준다.

 잠깐!

프랑스 사람들은 별미로 아마레토(amaretto, 아몬드 향이 나는 달콤한 맛의 술) 1큰술을 넣어 만들기도 합니다. 물론 어른들을 위한 것이죠.

 **셰프의
실전 Tip**
푸딩과 비슷한 식감을 지닌 머그컵 케이크입니다. 우유와 함께 드시면 더 맛있습니다.

달콤한 초콜릿과 상큼함의 끝판 왕인 산딸기가 만난다면?
쉿, 상상만 하지 말고 지금 바로 베이킹을 준비하세요!

재료

- ☐ 다크 초콜릿 45g
- ☐ 버터 0.5㎝ 두께 2와 1/3조각(35g)
- ☐ 작은 달걀 1개
- ☐ 박력분 2와 1/2큰술
- ☐ 우유 4작은술
- ☐ 산딸기 잼 1과 1/2큰술
- ☐ 산딸기 5~6개

1 인 분 기 준

준비 시간 : 4분
전자레인지(800W)

35초
+
1분

**요리
하기**

1. 머그컵에 다크 초콜릿과 버터를 넣고 전자레인지에 35초 정도 돌려준 후
   내용물이 녹으면 달걀을 넣고 잘 섞이도록 세게 저어준다.
2. 박력분, 우유, 산딸기 잼을 넣은 후 섞어준다.
3. 산딸기를 넣은 후 산딸기가 으깨지지 않도록 살짝 저어준다.
4. 전자레인지에 1분 정도 구워주면 케이크 완성!
5. 완성된 머그컵 케이크는 식은 후 먹는다.

잠깐!

산딸기는 시중에 파는 냉동 제품을 사용해도 좋아요.

**셰프의
실전 Tip**

머그컵 케이크가 식은 후, 소량의 생크림과 초콜릿 조각들로 장식해보세요. 더욱 고급스럽고
먹음직스러운 케이크가 완성됩니다.

멜바
머그컵
케이크

아이스크림 위에 복숭아 설탕 조림을 얹어 내는 디저트 '멜바(melba)'가
달콤하고 새콤한 머그컵 케이크로 변신!

재료

- ☐ 버터 0.5㎝ 두께 1과 1/3조각(20g)
- ☐ 박력분 2와 1/2큰술
- ☐ 베이킹파우더 1/4작은술
- ☐ 작은 달걀 흰자 1개
- ☐ 슈거파우더 3작은술
- ☐ 생크림 4작은술
- ☐ 바닐라 에센스 몇 방울
- ☐ 바닐라 가루 1/4작은술

- ☐ 통조림 복숭아 1/2개
- ☐ 휘핑된 생크림 1~2큰술
- ☐ 산딸기 퓌레 1큰술
- ☐ 색 있는 스프링클 약간

1 인 분 기 준

준비 시간 : 5분
전자레인지(800W)

20초
+
1분

요리 하기

1. 머그컵에 버터를 넣고 전자레인지에 20초 정도 돌려준 후 버터가 녹으면 베이킹파우더와 박력분을 넣고 미니 거품기로 섞어준다.
2. 슈거파우더와 거품을 낸 달걀흰자를 넣고 섞어준다.
3. 생크림, 바닐라 에센스를 넣고 바닐라 가루를 뿌려준 후 다시 섞어준다.
4. 통조림 복숭아를 조각내어 넣고 전자레인지에 1분 정도 구워주면 케이크 완성!
5. 머그컵 케이크가 식으면 생크림과 산딸기 퓌레를 바르고 스프링클을 뿌려준다.

잠깐!

- 통조림 복숭아 대신 통조림 배를, 생크림 대신 초콜릿 퐁뒤를 넣어도 좋아요.
- 스프링클과 함께 슬라이스 된 아몬드를 뿌리면 보기도 좋고 맛도 좋아집니다.

셰프의 실전 Tip

- 산딸기 퓌레 대신 딸기 시럽이나 딸기 잼을 발라 먹어도 맛있습니다.
- 통조림 복숭아를 많이 곁들여 먹으면 진한 맛의 머그컵 케이크를 즐길 수 있습니다.

'냥이'의 시선마저 사로잡은 진한 달콤함과 상큼함!
자꾸만 손이 가는 마성의 머그컵 케이크.

재료

- ☐ 다크 초콜릿 45g
- ☐ 버터 1㎝ 두께 5/6조각(25g)
- ☐ 작은 달걀 1개
- ☐ 흑설탕 5작은술
- ☐ 박력분 2큰술
- ☐ 아몬드 가루 1작은술
- ☐ 오렌지 주스 4작은술
- ☐ 오렌지 필 2큰술
- ☐ 오렌지 가루 1/4작은술

1 인 분 기 준

준비 시간 : 4분
전자레인지(800W)

35초
+
1분

요리
하기

1. 머그컵에 다크 초콜릿을 조각으로 잘라 으깬 후 버터를 넣어준다.
2. 전자레인지에 35초 정도 돌린 후 내용물이 녹으면 골고루 섞어준다.
3. 달걀, 설탕, 박력분, 아몬드 가루와 오렌지 주스를 넣어 매끄럽고 균일한 반죽이 되도록
   잘 저어준다.
4. 잘게 자른 오렌지 필과 오렌지 가루를 넣고 전자레인지에 1분 정도 구워주면 케이크 완성!
5. 완성된 머그컵 케이크는 식은 후 먹는다.

잠깐!

케이크 반죽에 쿠앵트로(cointreau, 오렌지 향이 나는 술) 몇 방울을 넣어도 좋아요.

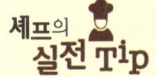
셰프의
실전 Tip

• 오렌지 가루 대신 오렌지 잼이나 과립형 비타민C를 조금 넣어줘도 좋습니다.
• 오렌지 필은 오렌지 껍질을 설탕에 절인 것으로 대형 마트나 인터넷 쇼핑몰에서 쉽게 구할
  수 있습니다.

커스터드·푸룬 머그컵 케이크

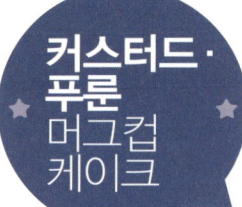

프랑스 브르타뉴 지방 전통의 맛,
'커스터드 크림 푸딩'을 이제 머그컵 케이크로 즐기세요!

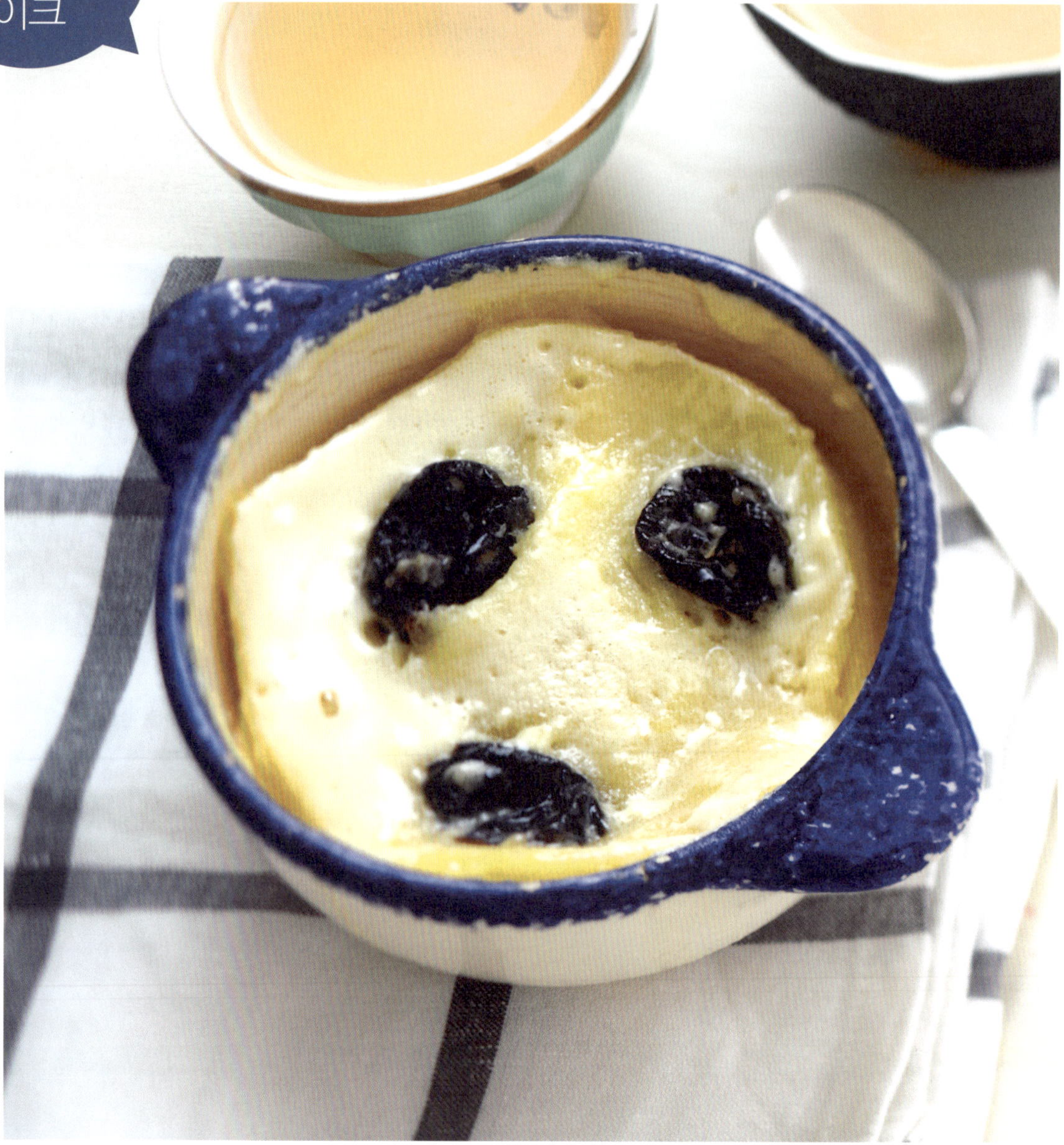

재료

- ☐ 버터 1㎝ 두께 1조각(30g)
- ☐ 작은 달걀 1개
- ☐ 설탕 5작은술
- ☐ 박력분 2와 1/2큰술
- ☐ 미지근한 우유 2큰술
- ☐ 푸룬 6개

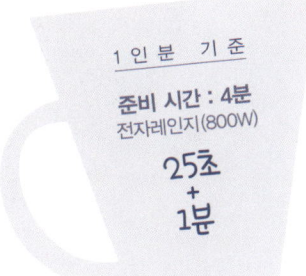

1 인 분 기 준

준비 시간 : 4분
전자레인지(800W)

25초
+
1분

요리 하기

1. 머그컵에 버터를 넣고 전자레인지에 25초 정도 돌려준 후 버터가 녹으면 달걀과 박력분을 넣고 미니 거품기로 섞어준다.
2. 박력분과 잘 섞일 수 있게 미지근한 우유를 부어준다.
3. 푸룬을 넣고 가볍게 저어준다.
4. 전자레인지에 1분 정도 구워주면 케이크 완성!
5. 완성된 머그컵 케이크는 식은 후 먹는다.

잠깐!

- 우유는 반드시 미지근한 상태로 준비해주세요. 그래야 박력분과 잘 섞인답니다.
- 케이크에 '시드르(cidre, 사과주)'를 함께 곁들여 먹어도 맛있습니다.
- 푸룬이 밑으로 가라앉지 않도록 컵에 넣기 전에 밀가루를 살짝 묻혀주세요. 다른 머그컵 케이크에서 생과일이나 과일 당절임을 넣을 때도 이 방법을 응용해보세요.

 **셰프의 실전 Tip**

식이섬유소가 풍부하여 변비에 좋다고 알려진 푸룬, 그렇다고 한번에 너무 많이 먹지 않도록 주의하세요.

기분전환이 필요할 때,
간단한 재료로 만드는 시크하고 상큼한 세련된 고급 디저트!

재료

- ☐ 작은 달걀 2개
- ☐ 설탕 5작은술
- ☐ 옥수수 전분 7작은술
- ☐ 아몬드 가루 1작은술
- ☐ 연유 4작은술
- ☐ 장미 시럽 2작은술
- ☐ 조각낸 리치 4개
- ☐ 산딸기 5개
- ☐ 잘게 부순 화이트 초콜릿 1큰술

1 인 분 기 준

준비 시간 : 5분
전자레인지(800W)

1분
+
25초

 요리 하기

1. 머그컵에 달걀을 풀어준 후 설탕, 옥수수 전분, 아몬드 가루를 넣고 섞어준다.
2. 연유와 장미 시럽을 넣고 저어준다.
3. 조각낸 리치와 산딸기를 넣고 과일이 부서지지 않도록 살짝 저어준다.
4. 전자레인지에 1분 정도 구워준 후 다시 25초 정도 구워주면 케이크 완성!
5. 완성된 머그컵 케이크는 식은 후 먹는다.

 잠깐!

- 생 리치가 없다면 통조림 리치를 대신 넣으세요.
- 산딸기는 냉동 제품을 사용해도 됩니다.

 장미 시럽이 없으면 리치 통조림 안에 들어 있는 시럽을 이용하면 됩니다.

허 전 한
마 음 을
채 우 는
양 식

'고소 든든' 케이크

머그컵 케이크는 단것만 있다?
머그컵 케이크의 무한 변신! 고소하고 든든한 색다른 오믈렛 케이크.

재료

- ☐ 슬라이스 된 햄 1조각
- ☐ 식빵 1/2 조각
- ☐ 작은 달걀 4개
- ☐ 우유 2큰술
- ☐ 잘게 자른 그뤼에르 치즈 2큰술
- ☐ 잘게 자른 실파 1큰술
- ☐ 소금, 후춧가루 약간

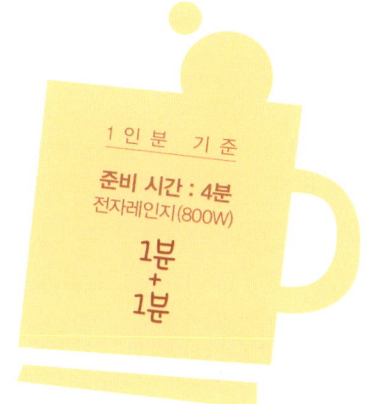

1 인 분 기 준

준비 시간 : 4분
전자레인지(800W)

1분
+
1분

 요리 하기

1. 햄을 길게 자르고 식빵은 조각으로 잘라준다.
2. 머그컵에 달걀을 풀고 우유와 그뤼에르 치즈를 넣어 섞어주고 소금과 후춧가루로 간한 후 1을 넣어준다.
3. 실파를 뿌리고 다시 섞어준다.
4. 전자레인지에 1분 정도 구워준 후 넘치지 않도록 주의하면서 다시 1분간 구워주면 케이크 완성!
5. 완성된 머그컵 케이크는 식은 후 먹는다.

 잠깐!

- 햄 대신 베이컨을 넣어도 좋아요.
- 햄, 치즈 등이 들어가면 소금간할 때 주의하세요. 자칫 케이크가 짤 수 있습니다.

 **셰프의 실전 Tip**

- 조금 큰 머그컵에 밥을 이용해 케이크를 구우면 한 끼 식사로도 충분합니다. 기호에 맞게 토마토케첩을 뿌려 먹어도 좋습니다.
- 그뤼에르 치즈 대신 모차렐라 치즈 등을 기호에 맞게 넣으면 됩니다.

인디언식 머그컵 케이크

누구나 만들 수 있는 간단한 레시피로
프랑스의 맛과 향이 살아 있는 머그컵 케이크 여행을 떠나보세요!

재료

- ☐ 작은 달걀 흰자 1개
- ☐ 박력분 2와 1/2큰술
- ☐ 토마토소스 1과 1/2큰술(20g)
- ☐ 코코넛 우유 2큰술
- ☐ 잘게 자른 닭고기 4큰술(45g)
- ☐ 건포도 1큰술
- ☐ 커민 가루 1꼬집
- ☐ 카레 가루 1꼬집
- ☐ 손질한 고수 1작은술
- ☐ 잘게 빻은 캐슈너트 1큰술
- ☐ 소금, 후춧가루 약간

1 인 분 기 준

준비 시간 : 5분
전자레인지(800W)

**1분
+
30초**

 **요리
하기**

1. 박력분에 달걀을 풀어 반죽을 만든다.
2. 토마토소스를 넣고 잘 섞은 후 코코넛 우유를 넣어준다.
3. 닭고기, 건포도를 넣고 커민 가루, 카레 가루, 고수를 뿌려준 후
   소금과 후춧가루로 간하고 잘 섞어준다.
4. 전자레인지에 1분 정도 구워준 뒤에 다시 30초 정도 구워주면 케이크 완성!
5. 완성된 머그컵 케이크 위에 잘게 빻은 캐슈너트를 뿌리고 식은 후 먹는다.

잠깐!

건포도 대신 사과 조각을 넣어도 좋아요.

 **셰프의
실전 Tip**

- 코코넛 우유를 구하기 어렵다면 일반 우유를 사용해도 됩니다.
- 닭가슴살 통조림을 이용하면 보다 간편하게 만들 수 있습니다.
- 향이 강한 고수는 기호에 따라 넣지 않아도 됩니다.

연어
머그컵
케이크

가벼운 한 끼 식사 대용으로,
영양 만점 야식으로 즐길 수 있는 머그컵 케이크를 소개합니다!

재료

☐ 훈제 연어 1조각
☐ 작은 달걀 2개
☐ 우유 4작은술
☐ 홀스래디쉬 소스 2작은술
☐ 잘게 썬 아니스 1큰술
☐ 소금, 후춧가루 약간

1 인 분 기 준

준비 시간 : 4분
전자레인지(800W)

1분
+
1분

**요리
하기**

1. 훈제 연어를 길게 자른다.
2. 머그컵에 달걀을 풀고 우유와 홀스래디쉬 소스를 넣어 섞어준다.
3. 너무 짜지 않도록 소금과 후춧가루로 간하고 1을 넣고 아니스를 뿌린 후 섞어준다.
4. 전자레인지에 1분 정도 구워준 후 다시 1분간 구워주면 케이크 완성!
5. 완성된 머그컵 케이크는 식은 후 먹는다.

잠깐!

홀스래디쉬 소스 대신 크림치즈를 넣어도 좋습니다.

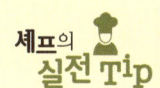
**셰프의
실전 Tip**

'아니스(Anise)'는 허브의 한 종류로 연어와 아주 잘 어울립니다. '케이퍼(caper)'도 같이 곁들이면 더욱 맛있게 즐길 수 있습니다. 아니스가 없다면 넣지 않아도 됩니다.

치즈 머그컵 케이크

진짜 치즈 케이크는 뉴욕에만 있다?
전자레인지만 있다면 산골 자락에서도 본토 치즈 케이크의 맛을 느낄 수 있습니다.

재료

- ☐ 크림치즈 3큰술
- ☐ 생크림 3큰술
- ☐ 버터 0.5㎝ 두께 1과 1/3조각(20g)
- ☐ 슈거파우더 3작은술
- ☐ 옥수수 전분 1/2작은술
- ☐ 작은 달걀 흰자 1개
- ☐ 캐러멜 소스 2큰술
- ☐ 비스킷 2개

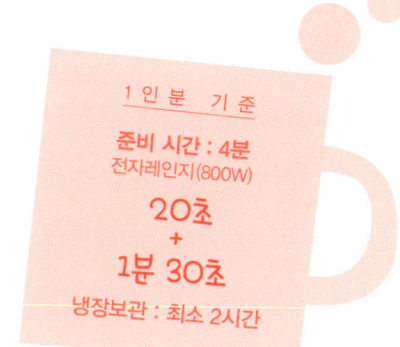

1 인 분   기 준

준비 시간 : 4분
전자레인지(800W)

20초
+
1분 30초

냉장보관 : 최소 2시간

 요리 하기

1. 머그컵에 크림치즈와 생크림을 넣고 섞어준다.
2. 다른 머그컵에 버터를 넣고 전자레인지에 20초 정도 돌려서 버터를 녹여준다.
3. 1에 2를 붓고 슈거파우더, 옥수수 전분과 풀지 않은 달걀흰자를 넣어준 후 반죽이
   매끄러워질 때까지 미니 거품기로 잘 섞어준다.
4. 캐러멜 소스를 부은 후 크림에 마블링 효과를 내기 위해 칼날 끝부분으로 살짝만 저어준다.
5. 전자레인지에 1분 30초 정도 구워주면 케이크 완성!
6. 완성된 케이크가 식으면 최소 2시간 동안 냉장고에 넣어둔다.
7. 먹기 직전에 잘게 부순 비스킷을 뿌려준다.

잠깐!

캐러멜 소스 대신 초콜릿 퐁뒤나 과일 퓌레 혹은 잼을 넣어도 좋아요.

 **셰프의 실전 Tip**

냉장고에서 굳힌 치즈 케이크를 머그컵에서 꺼내어 접시에 예쁘게 담아보세요. 치즈 케이크는 손님 접대에 유용한 케이크입니다.

햄·올리브
머그컵
케이크

햄과 약간의 햇살이 담긴 올리브가 당신을 클래식하게 만들어줍니다!

재료

- ☐ 가염버터 0.5㎝ 두께 2와 1/3조각(35g)
- ☐ 작은 달걀 2개
- ☐ 박력분 2와 1/2큰술
- ☐ 베이킹파우더 1/4작은술
- ☐ 백포도주 4작은술
- ☐ 햄 조각 4큰술(45g)
- ☐ 씨를 뺀 초록 올리브 8개
- ☐ 소금, 후춧가루 약간

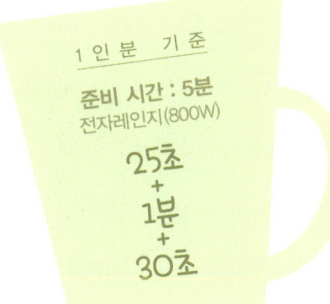

1 인 분 기 준

준비 시간 : 5분
전자레인지(800W)

25초
+
1분
+
30초

요리 하기

1. 머그컵에 버터를 넣고 전자레인지에 25초 정도 돌려준 후 버터가 녹으면
   달걀, 박력분, 베이킹파우더를 넣고 반죽이 고르게 될 때까지 미니 거품기로 섞어준다.
2. 백포도주를 붓고 햄과 반으로 자른 올리브를 넣어준다.
3. 소금과 후춧가루로 간을 맞춘 후 다시 섞어준다.
4. 전자레인지에 1분 정도 구워준 후 내용물 상태를 보고 필요에 따라
   30초간 더 구워주면 케이크 완성!
5. 완성된 머그컵 케이크는 식은 후 먹는다.

잠깐!

햄 대신 프라이팬에 구운 베이컨을 활용해도 좋아요.

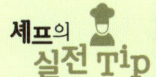

셰프의 실전 Tip

취향에 따라 치즈를 올려 드셔도 맛있습니다. 물론 든든한 술안주로도 아주 훌륭합니다.

라클레트
머그컵
케이크

감자와 햄, 그리고 라클레트 치즈가 어떻게 맛있는 디저트로 태어나는지
직접 확인해보세요!

재료

- ☐ 감자 2개(중간 크기)
- ☐ 슬라이스 된 햄 2조각
- ☐ 슬라이스 된 라클레트 치즈 2조각
- ☐ 후춧가루 1꼬집
- ☐ 오이 피클 2개

1 인 분 기 준

준비 시간 : 5분
전자레인지(800W)

1분

요리 하기

1. 감자 껍질을 벗기고 두껍고 둥글게 잘라준다.
2. 머그컵에 자른 감자 2조각을 놓고 그 위에 햄과 치즈 1/2조각을 올린다.
3. 다시 감자를 올리고 햄과 치즈를 올린다. 용기 윗부분까지 반복해서 쌓은 후 마지막에 치즈를 올리고 후춧가루를 뿌려준다.
4. 전자레인지에 1분 정도 구워주면 케이크 완성!
5. 완성된 머그컵 케이크가 식으면 오이 피클을 올려 마무리한다.

잠깐!

- 각각의 재료들을 3~4번에 나눠서 층층이 쌓아 올려주세요.
- 라클레트 치즈는 냉동 보관하는 게 좋아요. 사용할 만큼 소량으로 나누어 비닐 봉투에 넣어서 냉동 보관하세요.

셰프의 실전 Tip

- 프랑스 사람들이 겨울철에 즐겨 찾는 라클레트는 스위스 요리로 삶은 감자, 햄, 베이컨 등과 녹인 치즈를 함께 먹는 음식입니다.
- 라클레트 치즈가 없다면 모차렐라 치즈나 일반 치즈를 활용해도 됩니다.
- 재료의 특성상 구워지는 동안 부피가 줄어즐 수 있으므로 가득 채우는 게 좋습니다.

Chapter4

냉 장 고 속
재 료 로
간 편 하 게
만 드 는

이은주 셰프의
비밀 레시피

고구마
머그컵 케이크

고구마의 조금 더 색다르고 맛있는 변신을 원한다면 도전하세요.

이은추 셰프의
비밀 레시피

재료

- ☐ 버터 0.5cm 두께 2와 1/3조각(35g)
- ☐ 작은 달걀 1개
- ☐ 박력분 2와 1/2작은술
- ☐ 옥수수 전분 1큰술
- ☐ 연유 5작은술
- ☐ 쩌서 으깬 고구마 4큰술(40g)
- ☐ 건포도 1큰술

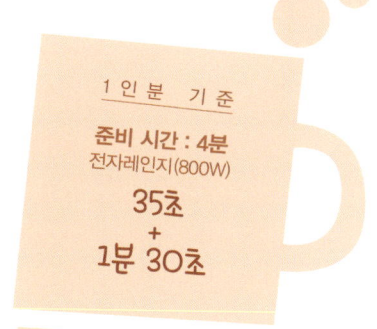

1 인 분 기 준

준비 시간 : 4분
전자레인지(800W)
35초
+
1분 30초

요리 하기

1. 머그컵에 버터를 넣고 전자레인지에 35초 정도 돌려준 후 버터가 녹으면 달걀을 넣고 미니 거품기로 섞어준다.
2. 박력분, 옥수수 전분, 연유를 넣고 섞어준다.
3. 고구마, 건포도를 넣어준다.
4. 전자레인지에 1분 30초 정도 구워주면 케이크 완성!
5. 완성된 머그컵 케이크는 식기 전에 먹는다.

잠깐!

건포도와 함께 호두나 땅콩, 아몬드 같은 견과류를 넣으면 고소한 풍미가 더해집니다.

Tip
- 생크림과 함께 드시면 더욱 맛있습니다.
- 이쑤시개에 스티커를 붙여 케이크 위에 꽂아주세요. 아주 간단한 방법으로 예쁘게 장식할 수 있습니다.

생과일 머그컵 케이크

늘 평범하게 먹던 과일도 조금만 센스를 발휘하면
아주 훌륭한 머그컵 케이크로 거듭납니다.

재료

- ☐ 각종 생과일
- ☐ 박력분 2큰술
- ☐ 아몬드 가루 2와 1/2작은술
- ☐ 흑설탕 5작은술
- ☐ 베이킹파우더 1/4작은술
- ☐ 작은 달걀 1개
- ☐ 우유 4작은술
- ☐ 유자 마멀레이드 1큰술
- ☐ 메이플 시럽 2작은술

1인분 기준

준비 시간 : 4분
전자레인지(800W)
1분 30초

 요리하기

1. 머그컵에 달걀과 설탕을 넣고 미니 거품기로 잘 섞어준다.
2. 우유, 박력분, 아몬드 가루, 베이킹파우더를 넣고 반죽이 매끈해질 때까지 섞어준다.
3. 유자 마멀레이드를 넣고 저어준다.
4. 전자레인지에 1분 30초 정도 구워주면 케이크 완성!
5. 완성된 케이크가 식으면 메이플 시럽을 바르고 각종 과일로 장식한다.

 잠깐!

- 유자 마멀레이드 대신 유자 잼이나 유자차, 유자청을 사용해도 좋아요.

Tip
- 취향에 따라 케이크 위에 메이플 시럽 대신 생크림을 얹고 과일로 장식해도 됩니다.
- 큰 용기를 활용해서 가족이나 연인에게 줄 생일 케이크를 만들어보세요. 제과점에서 파는 생크림 케이크보다 더 큰 감동을 선사할 것입니다.

정말 단짝 중에 단짝인 유자와 레몬의 상큼함이 케이크 속으로 쏙쏙!

이은추 셰프의
비밀 레시피

재료

- ☐ 버터 1cm 두께 1조각(30g)
- ☐ 작은 달걀 1개
- ☐ 흑설탕 4작은술
- ☐ 박력분 2와 1/2작은술
- ☐ 옥수수 전분 1큰술
- ☐ 베이킹파우더 1/4작은술
- ☐ 유자 잼 1큰술
- ☐ 생 레몬즙 1큰술
- ☐ 레몬 제스트 1작은술

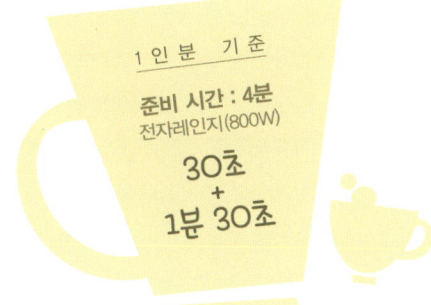

1인분 기준

준비 시간 : 4분
전자레인지(800W)

30초
+
1분 30초

요리하기

1. 머그컵에 버터를 넣고 전자레인지에 30초 정도 돌려준 후 버터가 녹으면
   달걀과 흑설탕을 넣고 미니 거품기로 섞어준다.
2. 박력분, 옥수수 전분, 베이킹파우더를 넣고 섞어준다.
3. 유자 잼, 레몬즙, 레몬 제스트를 넣고 잘 저어준다.
4. 전자레인지에 1분 30초 정도 구워주면 케이크 완성!
5. 완성된 머그컵 케이크는 식은 후 먹는다.

잠깐!

장식으로 레몬 조각을 올려보세요. 보는 것만으로도 상큼함이 살아납니다.

 Tip 유자 잼 대신 유자차나 유자청을 이용해도 좋습니다.

단호박 머그컵 케이크

맛과 영양, 어느 것도 놓칠 수 없을 땐 단호박 머그컵 케이크 하나로 끝!

재료

- ☐ 버터 0.5cm 두께 2와 1/3조각(35g)
- ☐ 작은 달걀 1개
- ☐ 호박 가루 10작은술
- ☐ 연유 4작은술
- ☐ 쪄서 으깬 단호박 4큰술(40g)
- ☐ 아몬드 슬라이스 1큰술

1 인 분 기 준
준비 시간 : 4분
전자레인지(800W)
35초
+
1분 30초

요리하기

1. 머그컵에 버터를 넣고 전자레인지에 35초 정도 돌려준 후 버터가 녹으면 달걀을 넣고 미니 거품기로 섞어준다.
2. 호박 가루를 넣고 거품기로 섞어준다.
3. 연유, 단호박, 아몬드 슬라이스를 넣어준다.
4. 전자레인지에 1분 30초 정도 구워주면 케이크 완성!
5. 완성된 머그컵 케이크가 식으면 아몬드 슬라이스를 뿌려서 마무리한다.

잠깐!

영양 만점 간식으로 샐러드와 함께 언제든지 부담 없이 즐기세요.

Tip
- 우유와 함께 드시면 맛과 영양을 한층 업그레이드할 수 있습니다.
- 취향에 따라 단호박의 양을 늘려도 좋습니다.
- 호박 가루 대신 옥수수 전분 1큰술을 넣거나 단호박 양을 늘려도 됩니다.

녹차·무화과 머그컵 케이크

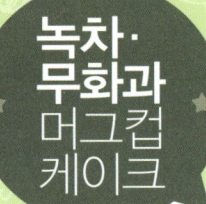

녹차와 무화과의 조합이 신선하죠?
향긋한 녹차의 향과 무화과의 달콤함이 아주 잘 어울려요.

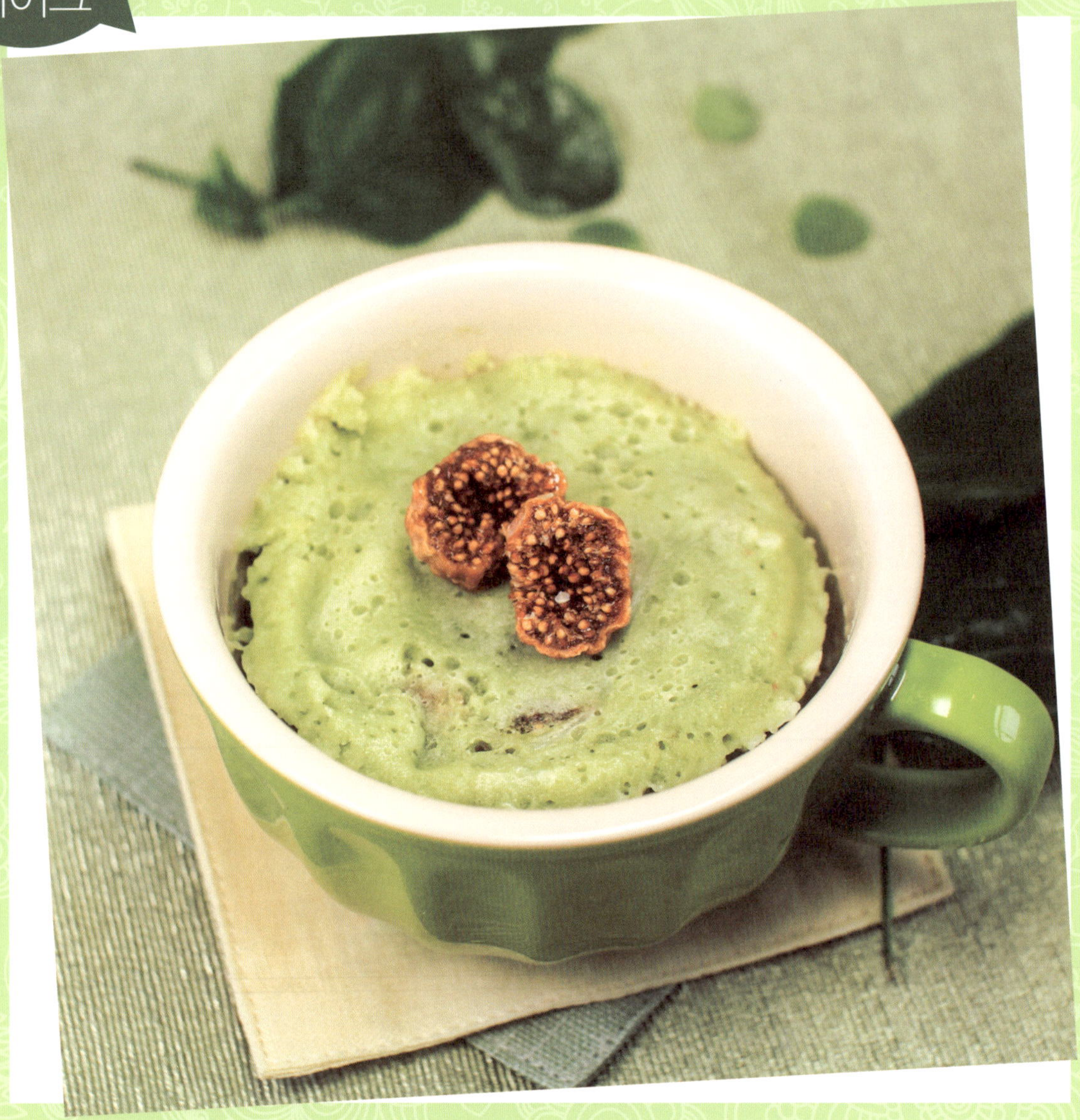

재료

- ☐ 버터 1㎝ 두께 5/6조각(25g)
- ☐ 설탕 5작은술
- ☐ 작은 달걀 흰자 1개
- ☐ 옥수수 전분 1큰술
- ☐ 녹차 가루 1작은술
- ☐ 생크림 요거트 2큰술
- ☐ 베이킹파우더 1/4작은술
- ☐ 반으로 자른 말린 무화과 5~6개

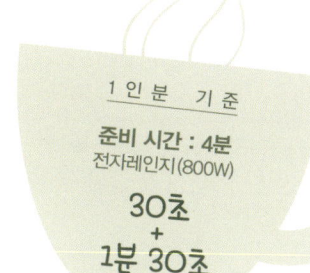

1 인 분 기 준
준비 시간 : 4분
전자레인지(800W)
30초
+
1분 30초

요리 하기

1. 머그컵에 버터를 넣고 전자레인지에 30초 정도 돌려준 후 버터가 녹으면 달걀흰자와 설탕을 넣고 미니 거품기로 섞어준다.
2. 녹차 가루, 옥수수 전분, 베이킹파우더를 넣고 잘 저어준다.
3. 생크림 요거트와 말린 무화과를 넣고 섞어준다.
4. 전자레인지에 1분 30초 정도 구워주면 케이크 완성!
5. 완성된 머그컵 케이크는 식은 후 먹는다.

잠깐!

말린 무화과는 먹기 좋게 반으로 잘라서 케이크 반죽에 넣어주세요.

Tip 취향에 따라 녹차 가루의 양을 늘려도 됩니다. 단, 너무 많이 넣으면 쓴맛이 날 수 있으니 유의하세요.

망고를 좋아하는 분들에게 희소식이 될 머그컵 케이크!

이은주 셰프의
비밀 레시피

재료

- [ ] 버터 0.5cm 두께 2와 1/3조각(35g)
- [ ] 작은 달걀 1개
- [ ] 메이플 시럽 2작은술
- [ ] 박력분 2와 1/2작은술
- [ ] 옥수수 전분 1큰술
- [ ] 연유 4작은술
- [ ] 통조림 망고 2조각(30g)

1 인 분 기 준

준비 시간 : 4분
전자레인지(800W)

35초
+
2분

요리하기

1. 머그컵에 버터를 넣고 전자레인지에 35초 정도 돌려준 후 버터가 녹으면 달걀을 넣고 미니 거품기로 섞어준다.
2. 박력분과 옥수수 전분을 넣고 잘 섞어준다.
3. 메이플 시럽, 연유, 망고를 넣고 섞어준다.
4. 전자레인지에 2분 정도 구워주면 케이크 완성!
5. 완성된 머그컵 케이크는 식은 후 먹는다.

잠깐!

시중에 파는 냉동 제품보다는 통조림 망고를 사용하는 게 더 좋습니다. 냉동 망고가 녹으면서 생긴 물 때문에 반죽이 질어져서 케이크 맛이 떨어집니다.

Tip 더운 여름철에 시원한 망고를 장식해서 먹으면 더욱 상큼하게 즐길 수 있습니다.

새우 머그컵 케이크

탱글탱글한 새우의 식감이 살아 있는 케이크!
아이들 간식으로, 충실한 한 끼 식사로 전혀 손색이 없어요.

재료

- ☐ 우유 2큰술
- ☐ 작은 달걀 2개
- ☐ 작은 새우 7~8마리
- ☐ 잘게 자른 브로콜리 1큰술
- ☐ 잘게 자른 당근 1큰술
- ☐ 소금, 후춧가루 약간

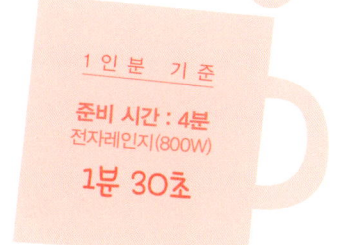

1 인 분 기 준

준비 시간 : 4분
전자레인지(800W)

1분 30초

요리 하기

1. 머그컵에 우유와 달걀을 넣고 섞어준다.
2. 작은 새우와 브로콜리, 당근을 넣어준다.
3. 소금, 후춧가루로 간한다.
4. 전자레인지에 1분 30초 정도 구워주면 케이크 완성!
5. 완성된 머그컵 케이크는 식기 전에 먹는다.

잠깐!

야채를 싫어하는 아이에게 줄 케이크라면 눈치채지 못하도록 브로콜리와 당근을 아주 잘게 다져서 섞어주세요.

Tip 개인 취향에 따라 당근과 브로콜리를 많이 넣어도 됩니다. 데쳐 먹는 것보다 더 간편하고 맛있게 먹을 수 있습니다.

감자·코울슬로 머그컵 케이크

감자와 코울슬로, 우리에게 매우 친숙한 재료들이죠?
하지만 그 맛은 상상 이상입니다!

재료

- ☐ 찐 감자 2개(중간 크기)
- ☐ 연유 2큰술
- ☐ 코울슬로 1작은술
- ☐ 잘게 잘린 모차렐라 치즈 1큰술
- ☐ 소금, 후춧가루 약간

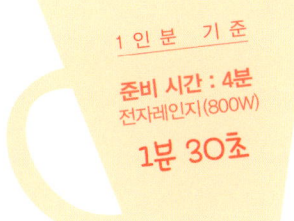

1 인 분 기 준

준비 시간 : 4분
전자레인지(800W)
1분 30초

 **요리
하기**

1. 적당한 그릇에 감자를 으깨 넣고 소금, 후춧가루로 간을 맞춘 후 연유를 넣고 잘 섞어준다.
2. 머그컵에 1을 적당히 넣고 약간의 코울슬로, 모차렐라 치즈를 순서대로 층층이 쌓아준다.
3. 용기가 가득 찰 때까지 2를 반복한다.
4. 전자레인지에 1분 30초 정도 구워주면 케이크 완성!
5. 완성된 머그컵 케이크는 식기 전에 먹는다.

잠깐!

감자는 미리 잘 씻어서 푹 쪄주세요.

 Tip

- 좋아하는 재료를 머그컵에 층층이 쌓아서 자신만의 머그컵 케이크를 만들 수 있습니다.
- 전자레인지 기능 중 '감자 삶기 모드'를 이용하면 편리합니다.

프랑스 타르트의 일종인 '키슈(quiche)' 역시 머그컵 케이크로 재탄생됩니다.

재료

☐ 우유 10작은술

☐ 생크림 10작은술

☐ 작은 달걀 2개

☐ 잘게 자른 실파 1큰술(6g)

☐ 잘게 자른 양파 2큰술(35g)

☐ 소금, 후춧가루 약간

요리 하기

1. 머그컵에 우유, 생크림, 달걀을 넣고 섞어준다.

2. 잘게 자른 파와 프라이팬에 볶은 양파를 넣어준다.

3. 소금과 후춧가루로 간한다.

4. 전자레인지에 1분 30초 정도 구워주면 케이크 완성!

5. 완성된 머그컵 케이크는 식기 전에 먹는다.

1 인 분 기 준

준비 시간 : 4분
전자레인지(800W)
1분 30초

잠깐!

실파는 맛과 색감을 위해 줄기 말고 부드러운 푸른 잎 부분을 사용해주세요.

Tip 키슈는 기본 반죽만 알면 응용이 무궁무진합니다. 베이컨, 버섯, 작은 새우, 연어, 햄, 치즈 등 원하는 재료를 넣어 만들어보세요. 단, 재료는 사전에 충분히 익혀서 넣어야 합니다.

피자 배달 시간보다 빠르다면 믿어지시나요?
게다가 상상 이상으로 훨씬 고소하고 맛있습니다.

재료

- ☐ 찐 고구마 2개(중간 크기)
- ☐ 토마토소스 2큰술
- ☐ 피망 1/4개
- ☐ 올리브 4~5개
- ☐ 잘게 잘린 모차렐라 치즈 1큰술

 요리 하기

1인분 기준
준비 시간 : 4분
전자레인지(800W)
1분

1. 머그컵에 찐 고구마를 으깨 넣고 토마토소스, 잘게 자른 피망, 4등분한 올리브, 모차렐라 치즈를 순서대로 층층이 올린다.
2. 다시 고구마를 넣고 토마토소스, 피망, 올리브, 치즈를 올린다.
3. 머그컵에 가득 찰 때까지 2를 반복한다.
4. 전자레인지에 1분 정도 구워주면 케이크 완성!
5. 완성된 머그컵 케이크는 식기 전에 먹는다.

 잠깐!

- 각각의 재료들을 3~4번에 나눠서 층층이 쌓아 올려주세요.
- 따뜻하게 먹어야 맛있는 머그컵 케이크입니다. 하지만 급하게 먹다가 입천장을 델 수도 있으니 주의하세요.

 Tip
- 당장 피자가 먹고 싶을 때 만들어 먹으면 참 좋아요.
- 재료의 특성상 구워지는 동안 부피가 줄어들 수 있으므로 가득 채우는 게 좋습니다.

오븐 없이 만드는
고품격 프랑스 디저트

3년여간의 프랑스 유학을 마치고 한국으로 돌아오기 한 달 전,《전자레인지 1분! 머그컵 케이크》가 한국에서 출간된다는 연락을 받았습니다. 귀국하자마자 시차에 적응할 겨를 도 없이 머그컵 케이크 레시피 시연과 감수 작업을 하였지만, 이렇게 이 책을 한국에 소 개하는데 동참하게 되어 정말 기쁩니다.

실제로《전자레인지 1분! 머그컵 케이크》는 프랑스에서 소위 말하는 가장 핫한 책입니 다. 머그컵 케이크는 프랑스 사람들에게 많은 사랑을 받는 요리로, 오븐 없이 전자레인지 5분으로 뚝딱 만들 수 있다는 점이 비결이 아닐까 합니다. 물론 맛도 최상이고요.
머그컵 케이크는 주변에 있는 흔한 재료를 이용해 만드는 아주 유용한 디저트입니다. 그래서 누구든지 자신이 좋아하는 재료로 나만의 특별한 케이크를 만들 수 있습니다.
그래서 본래 원서에서 소개한 프랑스식 케이크 레시피 30개와 더불어 고구마와 감자, 녹차 등 우리에게 친숙한 재료를 활용한 건강식 케이크 레시피 10개를 별도로 개발하여 추가했습니다.
머그컵 케이크 레시피는 정말 무궁무진합니다. 피자, 브라우니 등 아이들이 좋아하는 간식도, 프랑스 사람들이 겨울철에 즐겨 먹는 라클레트 요리도 훌륭한 머그컵 케이크가

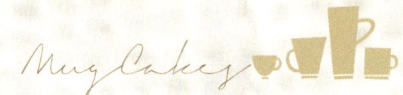

되었습니다. 특히 달콤한 초콜릿 머그컵 케이크와 한 끼 식사로 충분한 '오믈렛 머그컵 케이크', '연어 머그컵 케이크'는 프랑스 유학 시절 오븐 없는 기숙사 안에서 자주 만들어 먹었습니다. 고구마와 토마토소스, 피망, 모차렐라 치즈를 층층이 쌓아 올린 '고구마피자 머그컵 케이크'도 인기 만점입니다.

프랑스 사람들이 즐겨 먹는 머그컵 케이크의 맛을 그대로 느끼고 싶다면 이 책에서 소개하는 재료를 준비하여 만들어보세요. 비록 주변에 흔히 있는 재료는 아니지만, 분명 색다른 맛과 경험을 안겨줄 것입니다. 사랑하는 가족과 친구, 연인에게 대접하고 싶다면 약간의 센스를 발휘하여 완성된 머그컵 케이크 위를 예쁘게 장식해보세요. 시중에서 판매하는 케이크보다 멋진 케이크로 완성됩니다.

　프랑스 케이크와 빵에 매료되어 유학길에 올랐을 때의 설렘이 이 책을 통해 그대로 전해졌으면 하는 바람입니다.

프랑스 디저트를 사랑하는 셰프
이은주

전자레인지 1분!

머그컵
케이크

초판 1쇄 찍음 2014년 6월 15일
초판 1쇄 펴냄 2014년 6월 20일

지은이 엘리즈 델프하 알바흐 | 사진 티파니 비호토
푸드스타일링 시도니 팽 | 옮긴이 추은초 | 레시피 감수 및 시연 이은주
펴낸이 정용수 | 펴낸곳 도서출판 예문사

박지원이 편집장을, 신주식이 책임편집을, 오성민이 표지와 내지 꾸밈을 맡다.

출판등록 1993. 2. 19. 제11-76호
주소   경기도 파주시 직지길 460(출판도시) 도서출판 예문사
대표전화 031-955-0550
대표팩스 031-955-0660
이메일   yms1993@chol.com
홈페이지 www.yeamoonsa.com

ISBN 978-89-274-1015-7 13590

한국어판 © 도서출판 예문사, 2014

이 도서의 국립중앙도서관 출판시도서목록(CIP)은 서지정보유통지원시스템
홈페이지(http://seoji.nl.go.kr)와 국가자료공동목록시스템(http://www.nl.go.kr/kolisnet)에서
이용하실 수 있습니다. (CIP 제어번호 : CIP2014016599)